古生物学家与科普作家写给孩子的恐龙科幻小说

邢立达
少年阅读系列

恐龙男孩

Konglong
Nanhai

侏罗纪的巨人

邢立达 黄国超 著

四川教育出版社

图书在版编目（ＣＩＰ）数据

侏罗纪的巨人 / 邢立达，黄国超著. -- 成都 ：四川教育出版社，2020.7
（恐龙男孩·邢立达少年阅读系列）
ISBN 978-7-5408-7365-3

Ⅰ.①侏… Ⅱ.①邢… ②黄… Ⅲ.①恐龙－少年读物 Ⅳ.①Q915.864-49

中国版本图书馆CIP数据核字（2020）第114837号

侏罗纪的巨人

邢立达 黄国超　著

出 品 人	雷　华	
策 划 人	武　明	
责任编辑	吴永静	
封面设计	赵　宇	
版式设计	刘美彤	
责任校对	王　丹	
责任印制	高　怡	
出版发行	四川教育出版社	
地　　址	四川省成都市黄荆路13号	
邮政编码	610225	
网　　址	www.chuanjiaoshe.com	
制　　作	北京小天下时代文化有限责任公司	
印　　刷	成都思潍彩色印务有限责任公司	
版　　次	2020年7月第1版	
印　　次	2020年9月第1次印刷	
成品规格	145mm×210mm	
印　　张	6	
字　　数	75千字	
书　　号	ISBN 978-7-5408-7365-3	
定　　价	33.00元	

如发现质量问题，请与本社联系。总编室电话：（028）86259381
北京分社营销电话：（010）67692165　北京分社编辑中心电话：（010）67692156

寄少年：

　　人类的起源，从南方古猿"露西"开始计算，约有320万年的历史；从早期智人，也就是真正的人类开始计算，约有25万年的历史；人类发明的文字迄今为止可以记录的历史有5 500多年。但，这么长的光阴相对于地球46亿年的岁月，只不过是瞬息。

　　人类，这种两足行走的智慧生命，成功地改变了地球。现代人通过发掘、研究各个时期的古生物化石，用科学、严谨的方式，一步步地探索远古时代的生命密码，给那些在历史长河中曾经辉煌过的物种，重新赋予新的生命。然而，完成这项工作并不容易，它需要研究者拥有大量的知识和丰富的想象力。

　　亲爱的少年，希望你们通过阅读这套书，能爱上考古，对未知充满好奇；同时也希望你们努力学习科学知识，因为在地球上，古老的生命对我们来说依然迷雾重重，它们等着你们去探索、去发现。

　　岁月匆匆，我们已从懵懂少年成为人父。或许今天我们可以将父辈们一些想做却没有实现的事情去完成。

　　少年，请你们做好准备，整理思路，拿起书本，勇敢地跃入知识的海洋，去获取力量！你们的征途不仅有日月星辰，还有"深时""深部"！

　　哦，别担心！地球上的化石还有很多很多，正在"沉睡"的它们期盼着你们去"唤醒"。

登场人物

古伟

"恐龙男孩"的灵魂人物，时空管理总局古生物研究所最年轻的教授，是恐龙研究领域的专家。他在一次野外工作中遭遇意外事故，醒来后变成了一名12岁的孩子，所幸智力没有衰退，头脑依然灵光。他在时空管理总局的安排下，就读于山海小学六年级（2）班，因为拥有渊博的古生物知识，被同学们称为"博士"。

阿虎

时空管理总局反时空犯罪部队（ATS）第五大队的队长，负责时空犯罪的执法工作。他铁面无私，疾恶如仇，擅长格斗，在一次抓捕恐龙猎人的行动中，第一次与古伟相遇。意外事故的发生，也使他变成了12岁的孩子，与古伟同在山海小学六年级（2）班就读。因为体形变小，他只能选择放弃武力，学会多动脑子想办法。

拉面

生活在史前的一只亚成年特暴龙，体长七八米，体重接近 5 吨，无意中成为古伟的"救命恩龙"。意外事故使它变成了一只 1 岁左右的小特暴龙。它 1 米多高，浑身毛茸茸，短脖子上顶着一颗硕大的脑袋，嘴里长着香蕉形的尖牙，有一双完全不合比例的"小短手"。它可以通过时空管理总局特意为它研发的脑电波项圈与人类进行交流。

阿洛

古伟在山海小学的同桌，无论身高还是样貌，都平凡到能在人群里直接隐形。他学习成绩一般，却能说会道，生性胆小却对未知的一切充满好奇心，超级崇拜古伟。古伟和阿虎通过他和同学们很快熟悉起来，并得以了解学校里的各种趣事。他憨厚平和的微笑让古伟和阿虎变小后的种种不适消减了许多。

蟠猫

"疯子"博士波格创造出来的恐龙人女孩，外形与人类女孩极其相似。她融合了许多恐龙的基因，可以通过脑电波与恐龙对话，并且身手矫健。和普通人类不同的是，她每只手上只有 3 根手指，她秀气的外表下蕴含着巨大的能量。

我们在一起，就会了不起。

目 录

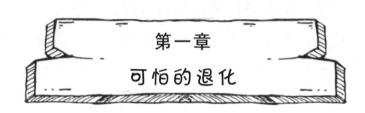

第一章
可怕的退化

　　亚热带的 10 月依然炎热，一点儿没有入秋的意思。天气有些难以捉摸，上午还是晴空万里，中午竟然淅淅沥沥地下起雨来。可雨水还没来得及把晒得滚烫的水泥地面淋湿，就已经停了。

　　树枝上的蝉自顾自地用坚硬的口器刺入树干，一边吸吮着树干中的汁液，一边不知疲倦地振动位于腹部的发声器，发出"知了……知了……"的叫声。

　　阿洛下巴搁在书桌上，用左手拿着的暴龙玩

1

偶"攻击"右手中的腕龙玩偶，嘴里小声说着："咬你！咬你！"

突然，阿洛后脑勺挨了一巴掌："跟你说过多少次了，暴龙是白垩纪晚期的肉食性恐龙，它的食物是三角龙、埃德蒙顿龙和慈母龙之类的。而腕龙生活在侏罗纪晚期，咬它的应该是异特龙或蛮龙，怎么也轮不到还没诞生的暴龙啊！"

被人无端拍了一掌，阿洛顿时火冒三丈，刚要站起来反击，可一听声音又立马老实下来。他立刻正襟危坐，目不斜视地微微躬身致意，嘴里一本正经地说："学生记住了，谢谢古老师的教诲。"这般搞怪的样子引得周围几个女同学咯咯地笑出声来。

拍阿洛后脑勺的正是古伟，自他和阿虎、阿洛、拉面几个结束白垩纪之旅，回到山海小学六年级（2）班，已经过去快一个月了。

上次学校组织学生参观时空管理总局，正赶上波格博士指使恐龙猎人闹事，把古伟他们掳去白垩纪走了一趟。由于不想向外界披露太多信息，时空管理总局对外公开的说法是：武装暴徒很快就被全部抓捕归案，而这几名小学生因为害怕，一直躲在时空管理总局的仓库里，后来才把他们找出来。之后，他们在专门的医疗机构里住院观察了几天，确定身体无恙后才被送回了学校。

不知道是谁说的，实际情况是，阿洛被暴徒的枪声吓破胆到处乱跑，连累他的好朋友古伟、阿虎和拉面去找他，结果迷路被困在了仓库里。

阿洛回来后被同学们取笑胆子小，好在他的脸皮足够厚，每天昂首挺胸像当了英雄似的得意扬扬，反倒没人再去刨根问底了。

要说最大的新闻，应该是一个星期前蟠猫来报到当插班生的事件。

下午还没开始上课，教室里乱哄哄的。蟠猫在校长带领下来到六年级（2）班，大家的目光不约而同地聚集在了她身上。大家从来没见过长相

3

这么奇特的女孩子，不由得交头接耳议论起来。

"大家听我说！"校长抬手示意，让同学们安静，"这位是蟠猫同学，从今天起，她就正式加入六年级（2）班，和大家一起学习。"

话音刚落，又响起一阵议论声。虽然大家都猜到了结果，但从校长嘴里说出来还是免不了一阵热议。

蟠猫知道自己与普通人类不同，因此在来之前就已经做好了心理准备。此刻，她很平静，神态淡然地站在校长身边，一双大眼睛从每个人脸上扫过，审视着这些将要成为自己"同学"的同龄人。

校长预料到会出现这种情况，干脆笑眯眯地背着手不出声，让大家先互相交流一会儿。

坐在教室后面"专用座位"的拉面突然呜地低吼一声站了起来，几步跳到蟠猫跟前，把大嘴伸到她的脑袋边，用大舌头口水淋漓地舔她嫩滑的脸。

蟠猫被舔得直痒痒，发出清脆的笑声。

"咦，奇怪！拉面一向高傲，对陌生人从来没这么热情过。就算跟它混熟了，它能让你拍拍脑袋已经很不错了，现在怎么跟这个新来的女孩子这么亲近？"拉面的行为让全班同学都安静了下来，大家疑惑地看着眼前的一幕。

"呵呵，大家交流完了，现在该听我说了吧。"校长见教室里安静了下来，抓住机会开口缓缓说道，"大家是不是觉得蟠猫同学的长相有点奇特？为什么拉面跟她这么亲近？其实蟠猫同学是一位很特别的人，她跟恐龙有一些血缘关系……"

校长见同学们个个瞪大了眼睛，点点头继续说道："没错，她就是恐龙人。因为你们之前的表现优异，时空管理总局特意把她安排到了咱们这个班。希望同学们能对蟠猫同学的学习和生活多关心、多帮助，另外因为蟠猫同学比较特殊，所以需要大家帮忙保守这个秘密。六年级（2）班的同学们，你们能做到吗？"校长向同学们发出请

求，还故意眨了眨眼睛。

这番话说完，教室里一片安静，同学们的大脑还处于"宕机"状态，没从震惊中反应过来。这时古伟站了起来，大声说："蟠猫同学，欢迎你加入我们的班集体！"紧接着阿虎和阿洛也站起来表示欢迎，阿洛还带头用力鼓起掌来。

同学们在阿洛、阿虎的带动下也跟着鼓掌，拉面也"拍手"欢迎，教室里的气氛热烈了起来。蟠猫被安排坐在拉面旁边。同学们很快接纳了蟠猫，不少女同学还对她泛着金属光泽的细嫩皮肤感到新奇和羡慕呢。

阿虎凑到阿洛身边故意问道："阿洛，上次你是怎么跑到那个仓库藏起来的？我和古伟找你找得好辛苦，多亏有拉面在，它的鼻子可救了你的命，你要怎么报答它呢？"

"原来是这样啊，那我只好当牛做马来报答它的救命之恩了。拉面主人，请收下小人的膝盖。"阿洛继续装模作样搞怪，这次连坐在拉面旁边的蟠猫也被逗得扑哧一下笑出声来。

"丁零零……"清脆的上课铃声响起，同学们各自回到自己的座位上坐好，教室里瞬间安静下来——下午的第一节课要开始了。

第一节课是生物课。阿洛因为上课不认真，老师每次都会特意问他一些问题。

但是自从那次参观过时空管理总局以后，阿洛脑袋突然开了窍，学习成绩一路飙升。各科老师被惊得目瞪口呆，都认为阿洛一定是在时空管理总局的仓库里有什么奇遇。

"同学们，刚刚我们讲到，生物要想生存必须依赖一定的环境。阿洛同学，你能举个例子来说明一下吗？"生物老师按照惯例先逮住阿洛提问。

阿洛不慌不忙地站起来大声回答："鱼不能离开水。"

生物老师微笑着点头示意他坐下，继续说："影响生物生存和分布的因素，称为生态因素，包括生物因素和非生物因素两种。其中生物因素，

是影响某种生物生存的其他生物。阿洛同学，你来说说这里有哪些关系。"

"这里的关系表现为捕食关系、竞争关系、合作关系等。非生物因素包括阳光、空气、温度、水等。"阿洛镇定自若地回答道。

"很好！请坐下。阿洛同学不但上课认真听讲，而且还做了课前预习，值得表扬！"生物老师满眼欣慰。

阿洛坐下后，贼眉鼠眼地瞄了古伟、阿虎一眼，心里乐开了花：嘿嘿，我现在天天跟学霸在一起，怎么可能不优秀呢。

经历了上次白垩纪大冒险，阿洛对古伟和阿虎的身份有了诸多疑问。经过与时空管理总局商议，在确认保密的前提下，古伟告诉阿洛，自己以前在时空管理总局古生物研究所工作，阿虎以前是时空管理总局反时空犯罪部队（简称ATS）第五大队队长。两人在白垩纪执行任务时，因为一次虫洞意外事故，醒来后变成了身体年龄只有 12 岁的孩子，幸运的是智力和专业知识并未消减。考虑到当前两人身体状况无法继续以前的工作，时空管理总局安排两人到山海小学六年级（2）班就读。阿洛刚开始一百二十个不相信，但经过古伟和阿虎的详细解释，阿洛最终接受了这个匪夷所思的事实。

得知真相的阿洛立刻抓住机会，要求跟随古伟学习，而古伟也觉得阿洛是个不错的小伙伴，点头答应了。不过古伟给他提了一个要求——阿洛必须各门课程都达到优秀。古伟跟阿洛说，他们以后肯定会进行各种科考活动和研究活动，可不想带着一个什么都不懂的人去探险。

于是，古伟这位古生物专家就开始给阿洛当私人老师，每天监督他学习，在短短几个星期内，硬是把这位实际上挺聪明，就是有点懒散的同学落下的课程都给补上了。阿洛的学习成绩稳步提升。

回到小学继续上课的古伟，除了给阿洛补课、帮助蟠猫学习现代知识，还抽时间与阿虎和拉面去时空管理总局，看看研究小组对他们恢复本来面貌的研究进展情况。

这次去时空管理总局，古伟、阿虎和拉面照例经由各种仪器详细地检查了一遍身体，毕竟这种事以前从没发生过，为防止他们的身体突然出现什么状况，时空管理总局必须谨慎再谨慎。

"唉，古教授、阿虎队长，研究还是没有太大进展。目前根据我们掌握的情况推测，这次意外事故有可能是因为大规模火山喷发和地壳运动，进而引起了电磁能量强烈波动，导致虫洞处于极端不稳定状态而产生时空错乱。至于为什么会把你们两个都变成了12岁，而不是直接把你们传送到一个错误的地方，或者其他更加不可测的后果，我们手头没有任何能供参照的案例和数据，所以连数学模型都建立不了。简单点来说就是——无解。"跟古伟两人边走边解说的这位年逾花甲的老人，是时空管理总局时间与空间研究所的副所长曾亮教授，也是该事件研究小组的负责人。

现在连曾教授这位时空专家也没办法，看来短时间内是不大可能出结果了。

看古伟几人面带沮丧，曾教授连忙拍着古伟的肩膀安慰道："古教授，你也别气馁，你们的身体非常健康，没有发生任何不好的变化。"曾教授停顿了一下，翻了翻手里的资料继续说："不过根据测试显示，你们的思维方式也在逐渐吻合现在身体的实际年龄……"

阿虎反应最为强烈，一下子就蹦起来，大声说道："什么？曾教授，您的意思是，我们的思维方式也会越来越像 12 岁的小孩子？"

曾教授点点头说："从上一次你们来做的一些测试数据看，的确存在这种可能。"

"嘤嘤嘤……"这次不只阿虎，连拉面也叫了起来。还没找到恢复方法，现在连思维方式也要

退化，这的确是太难以接受了！

　　古伟内心震惊不已，但表面上还算平静，他抬头向曾教授问道："曾教授，根据您的推测，我们的思维方式会一直倒退回 12 岁的水平吗？"

　　曾教授这次没有立刻回答，而是再次翻动手里的资料仔细查看。过了一会儿，他说："根据几次测试的结果和我的推测，你们的思维方式的确有一定程度的退化，但退化的速度似乎越来越慢了。目前看来，你们可能在一些语言和动作，或者一些想法上会跟同龄人类似，但总体的智力水平、情商和知识量并没有倒退。这也许是一种身体自然产生的保护机制，以免你们跟同龄人的差别太大，引起不必要的关注……"

　　话还没说完，阿虎和拉面已经抱在一起互相庆祝起来："太好了！太好了！我们没有变幼稚！"

　　古伟摇摇头，看着这两位又笑又跳

的小伙伴，真是哭笑不得，心想：难怪曾教授说思维方式会有一定程度退化，这两位的表现已经够明显了。

这时，一行人已经来到一个明亮的会议室，各自坐下后，曾教授开启了网络视频会议。曾教授向古伟他们及其他参会人员点头示意后，正式开始了这次会议："因不明原因导致的时空错乱，使古生物研究所古伟教授、ATS第五大队队长阿虎，以及和他们一起从白垩纪回来的亚成年特暴龙拉面，身体状态发生了倒退。目前，对该事件的研究已经陷入停滞状态。我提议，把这次事件作为典型案例列入长期研究课题。因暂时无法提供解决方案，所以他们三位只能暂时以现在的身体状况继续生活，直到研究出解决办法为止。同时，由于他们各自的专业知识和特长技能得以完全保留，应当考虑适当安排工作任务，这样也方便他们在工作中寻找答案。"

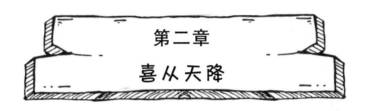

第二章
喜从天降

凌晨时分，地球另一边的一座繁华都市里，在一栋百米高楼的最顶层，同样有一场重要的会议即将开始。远远看去，整栋大楼已融入夜色中，只有会议室里的灯光在黑夜中格外显眼。

会议室的面积有上千平方米，这时有上百人正在落座。会议室的一侧缓缓升起一个小小的讲台，讲台前站着一位身材高大的男人。一头银发和满脸皱纹表明他已经不再年轻，但那双湛蓝色的锐利的眼睛，以及微微上翘的嘴角显示出他的

高傲和雄心。

站在讲台前的人正是国际防务集团的董事会主席兼总裁艾尔托德，他也是这栋大楼的实际拥有者。

"亲爱的女士们、先生们，非常感谢大家能出席这次发布会。大家不辞辛劳，凌晨时分来这里听我讲述，实在是万分感激！"艾尔托德等大家安静下来后，开始了他的演讲，"由于已经是凌晨，而且大家也不是第一次来本公司考察这款新产品，我就长话短说。请看屏幕。"

他身后的墙壁缓缓打开，一幅巨大的高清显示屏露了出来。随着显示屏画面的出现，会议厅灯光自动转暗。

显示屏左右两边放映着不同的视频画面：左边以第一人称的视角放映，画面颠簸得非常厉害，摄像头应该是安装在什么动物的身上，正跟拍这个动物的一举一动；右边的视频画面应该是通过上空的无人机拍摄的，画面中植被浓密，郁郁葱葱，正中是一只在丛林中快速移动的动物，因植物的遮挡和它本身的保护色，动物的轮廓不是很清晰。

很快，左边视频中动物的呼吸声音变成了密集的枪声，而视频画面也剧烈地晃动起来，众人的目光纷纷集中到右边的视频画面上。

只见这只动物的移动速度更快了，它在密林中极其灵敏地左冲右突，不停地变换着前进的路线，迅速向开枪的方向靠近。不一会儿，这只动物扑倒了一个正在开枪的人，凄厉的惨叫声刚刚响起就戛然而止。

单方面的杀戮接连上演，开枪的十几个人在短短几分钟内就被全部放倒，视频很快就结束了。

屏幕关闭，灯光亮起，等众人渐渐冷静下来，艾尔托德清了清喉咙说道："大家刚才看到的是'收割者'在最近一次测试任务中的视频记录。它这次的对手，是我们公司在最精锐的特种部队中招募的 17 名特种兵。这些人的任务是猎杀'收割

者'。这次任务从开始到结束，总共耗时4分39秒，'收割者'完胜。"掌声响起，显然大家对"收割者"的成绩非常满意。

艾尔托德对众人的态度也很满意，他面带笑容，点头向台下众人示意，然后继续说："在各位的鼎力支持下，'收割者'项目历时3年顺利完成。现在经过数十次的实战检验，成功证明了它作为高智能生物武器的效能与价值。现在我代表国际防务集团，向大家宣布，'收割者'项目已经完全成熟，随时可以投入量产，各位的订单将在约定时间内完成，并送到各位要求的地点。"

正说得起劲儿，讲台下的一个声音突然打断了艾尔托德。

"艾尔托德先生，我能否提出一个额外的要求？"

艾尔托德低头看去，发现说话的是坐在第一排的一位右眼戴着黑色眼罩的人。按照惯例，只有非常重要的人物才会坐在第一排，因此，他的提问艾尔托德不敢轻视。

独眼人用低沉而平静的声音说："我要求最后再进行一个系列的测试，测试的对象是普通人。'收割者'之前做的所有测试，试验对象都是军人，这方面的能力大家已经有目共睹了，但它对付普通人会不会也如此？大家都知道，根据国际防务集团的设定，'收割者'除通过输入目标资料来定位目标外，还必须依靠脑电波感应对方是否有敌意，从而进一步锁定目标并发动进攻。但假如我的目标是一些普通人，或者是一大群普通人中的某一个，它能否依然有效锁定目标并采取行动呢？这是我最关心的问题。毕竟在我们这个世界，并不需要区分军人和普通民众，对我们来说，只有有价值的目标。"

这些话刚说完，大厅里就发出杂乱的交谈声，不少人边议论边点头，明显是认同这位独眼人的说法。

艾尔托德先是皱了皱眉头，随后他立刻恢复

笑容，说："既然强尼先生提出了要求，我当然应该遵从，不知强尼先生有什么别具一格的想法？"

独眼人强尼双手放在胸前，微微低下头，拳头抵在鼻子下沉吟了一会儿，说："我其实并没有太具体的想法，只是希望验证'收割者'的使用范围是否有限制。嗯——要不我们在全世界随机抽取一些普通人，找个理由把他们送过去，反正在那边出事的话，处理起来也'方便'。"

其他人听了纷纷点头表示赞同，认为这位强尼先生的考虑非常周全。

"顺便提一下，估计大家看'收割者'对决铁血军人已经都腻味了吧。如果换成男女老幼惊慌失措地尖叫着四处乱跑，这也是另一种乐趣。各位说呢？"独眼人强尼补充了两句，说完耸耸肩做了个鬼脸。

在满堂哄笑和口哨声中，艾尔托德很干脆地打了个响指："好！"

阿洛眼睛一眨不眨地紧紧盯着墙上的智能互动电视。荧幕上一位主持人一边口若悬河地讲着，一边挥舞着一个遥控器一样的东西，通过 AR 技术处理的图像在他身边不停变幻。被阿洛硬拉来的古伟和阿虎一脸无奈地坐在旁边，蟠猫和拉面则在外面小花园里舒舒服服地晒着太阳。

"古伟、阿虎，我跟你们说，这个全世界同步直播的随机抽奖机会真的很难得，抽中了就有机会去侏罗纪游玩三天两夜，而且完全免费哟！关键是我也递交了申请表，万一真的抽中了，我们就可以组队去玩啦！而最最关键的是，前几次我都没中，这是最后一次机会了。所以，一定要中！"阿洛盯着电视跟两个小伙伴解释说。

阿虎撇了撇嘴，心想："谁想去侏罗纪啊。"古伟当然知道这位 ATS 第五大队前队长的想法，笑着拍了拍他的肩膀，对他摇了摇头，示意他别跟一个只有 12 岁的小伙伴计较。

阿洛依然絮絮叨叨："哎呀，这个抽奖有多难

你们知道吗？全世界递交申请表的有近 10 亿人。时空旅行本来就贵，去侏罗纪更是贵得离谱，难得有这样的机会，不抢破头才怪呢。不过放心好了，我有预感，最后一次我一定能中！"

古伟对阿洛提醒道："阿洛同学，这个系列抽奖我也听说了，可怎么有风声传出来前几次去侏罗纪免费旅行的都没回来呢……"

古伟话还没说完，阿洛突然跳起身来做出一个禁止的动作："嘘——"然后瞪大眼睛看着电视上显示出来的数字。

"CHN！"第一行字出现后，阿洛右手握拳在空中挥动，"好哇！定在中国了，成功了一半！"

接着电视中不停闪动的字母和数字逐一停下，最后定格在这样一个编号上：CHN–GD001AXTR–090253307。

阿洛的目光不停地在电视和自己手上的申请表上来回移动，看完最后一个数字，阿洛也似乎与数字一同定格了。

古伟和阿虎被他的举动搞糊涂了，对看了一眼，正打算过去看看是怎么回事，阿洛突然哇地大叫一声，紧接着仰天大笑起来，边笑边手舞足蹈。

就连在小花园晒太阳的蟠猫和拉面也听见动静跑了进来。古伟一把抢过阿洛手里的申请表，对着电视上的一行号码仔细核对。电视上显示的中奖号码，居然跟阿洛手上的这一份完全吻合！

"啊？真抽中啦！"连古伟都愣住了，没想到阿洛运气这么好。

中奖通告几乎在瞬间就传输到达，要求阿洛在1分钟内点击确认。

这时候，阿洛终于从狂喜中回过神来，一指敲在确认键上。"咚"一声轻响，随即传来悦耳的同步传译话音："恭喜编号为CHN-GD001AXTR-090253307的贵客中奖，请在3个工作日内把您的个人资料、出行时间，以及同行人员的相关信息一起递交给我们，收到信息后我

们将立刻启动时空旅行申办程序。感谢您的热情参与。"

阿洛一下子跳上沙发，拳头在空中用力一挥，大声宣布："同学们，我们收拾收拾，到侏罗纪度周末去喽！"

艾尔托德安静地坐在他那张巨大的办公桌后，把椅子转到落地玻璃窗的一面，优雅地端着酒杯，轻轻摇晃着里面的威士忌，透过明净的玻璃俯瞰着脚下的城市。

"艾尔托德先生，最后一次抽奖的中奖名单已经出来了，是一个 12 岁的中国小男孩 ……他提交的一起出发的几个人都是他的同学，这合适吗？"听到助手略带犹豫的报告，艾尔托德摇晃杯子的手停了下来。他转过椅子，看向办公室中央的投影。投影上是几张中国孩子的照片，以及一些文字资料，除一个女孩子的照片看上去有点奇怪外，其他并没有什么特别之处。

26

"没关系，去安排好了。"艾尔托德并没有仔细去看。

助手点点头转身正要离开，艾尔托德又把他喊住："这样吧，既然是小孩子，那就安排'收割者'先跟着，留到最后一晚再动手，让他们好好享受最后的欢乐。"

这次系列抽奖由世界排名第一的时空旅行公司——时空快车主办。目的是为了庆祝公司成立50周年。规则很简单，中奖者必须亲自前往，中奖资格不得擅自转让，但可以带4名亲朋好友一起组队前去。时空快车专门配备了一辆小型豪华电能越野车，车内空间刚好能坐得下5个人，车后拖挂着一辆小房车，里面有充足的供应野外生活的物资。这就是古伟几人在侏罗纪三天两夜的全部装备了。

阿洛的爸妈听说阿洛周末跟古伟去侏罗纪旅行，忙不迭地满口答应下来。在他们看来，阿洛

现在天天跟好学生在一起，不仅学习成绩突飞猛进，整个人也变现得阳光自信起来。

时空快车亚洲总部的大厅宽敞明亮，极富科技感，四周是一排排不知名的设备。古伟、阿虎、阿洛和蟠猫几人都是野外考察的装束，各自背着旅行包，带着小特暴龙拉面，站在大厅中央的虫洞发生器前四处张望。身穿银色工作服的工作人员忙碌地跑来跑去，为出发前做着各种准备工作。

阿洛知道，侏罗纪的气温比现代要高，他想直接穿短衣短裤。不过，古伟告诉他侏罗纪的蚊子有苍蝇那么大，阿洛吓得赶紧把自己包得严严实实。

虽然阿虎已经经历过多次时空穿梭，但是使用民用设施还是第一次。"以前经常出任务，倒没觉得时空穿梭有多稀罕，现在看来……"看着豪华的大厅，他不禁发出感慨，时空旅行在现阶段依然不是普通人能随意消费得起的。

古伟看了他一眼，笑着说："那是肯定的，这些设备有钱都买不到，不然你以为谁都能到远古打个卡，然后回来发个朋友圈吗？你能三天两头跑去几千万年前执行任务，不知道有多少人羡慕呢。你就偷着乐吧。"

时空旅行的费用跟能量需求是成正比的。但在时间距离太近的时空开启虫洞，极易引发时空紊乱引发虫洞塌陷，所以大约一万两千年内，特别是人类文明出现的这个阶段是绝对不能进行时空穿梭的。越远的时空，能量需求就越高，费用自然也高，同时，出于保护性质，时空旅行也受到了时空管理总局的严格限定，所以很多时候并不是想去就能去的。这也是为什么免费的侏罗纪之旅会吸引如此多人的原因。

办理好旅行保险后，时空快车的工作人员递上平板电脑，上面显示的是《个人安全免责承诺书》。古伟和阿虎对视了一眼，心中同时生出疑问。他们俩虽然从未通过民用设施进行过时空穿梭，但也不是完全不知道手续，从未听说过有这

么一份东西要签字。假如这次旅行有风险的话，时空管理总局是根本不会批准的。

大大咧咧的阿洛一把把平板电脑抢了过来，第一个签上了名字，嘴里说着："有你们几个高手在身边，不会有事的！"

见阿洛这么心急，古伟和阿虎也先后签了名，在他们看来，这次也就是去玩两天而已，应该不会有什么危险。蟠猫就更无所谓了，那个时代就是她的游乐园，所以也随手签上了自己的名字。

轮到拉面，工作人员犯难了。他刚要向上级请示，身边另一个工作人员小声在他耳边嘀咕了几句，这人脸色一变，立刻把平板电脑递给蟠猫，让她代签了事。

"嗯？"古伟看在眼里，心里更加疑惑了。

第三章
初到侏罗纪

　　"亲爱的贵宾们，请上车，虫洞即将开启，1.5
亿年前中生代侏罗纪的壮丽景色和迷人的动物，
正在等待着各位！"工作人员整齐地排列在两旁，
充满激情的送别语在大厅中回荡。

　　声势浩大的全球抽奖赚足了眼球，虫洞开启
在即，自然少不了全方位的同步直播。时空快车
的首席执行官亲临现场，在全球瞩目下挂着职业
微笑带领几个小伙伴向越野车走去。

　　阿虎突然加快脚步绕到那位首席执行官的面

前问道："先生，为什么不让媒体跟随我们一起全程同步直播呢？能让全世界的人跟着我们一起看看侏罗纪，还可以让更多人认识我们，不是更有趣吗？"

首席执行官脸上的微笑凝固了一下，很快又恢复了笑容。他低头和蔼可亲地解释说："是这样，不让网络媒体过多地介入这次旅程，是基于让各位尽情游玩不被打扰而考虑的。等各位回来后，我们会召开全球直播见面会和分享会，让全世界的人都能跟你们交流。"

"哦，这样啊……"阿虎没有继续纠缠，转头跟古伟对视了一下，然后退回阿洛身边。

古伟当然明白阿虎这么问的原因。

时空快车是全球 20 强的跨国企业。它以公司成立 50 周年庆典的名义，大张旗鼓举办的这次幸运抽奖活动，简直是轰动全球的盛事。跨时空通信和实时视频传送技术虽然属于高科技，但已经非常成熟。时空快车竟然放弃通过全程直播来增加曝光和关注。对于这样的跨国企业来说，着实令人费解。

"莫非时空快车另有打算？可我们几个人对它来说只是普普通通的小孩子而已，能在我们身上图谋什么呢？真是奇怪。"接连出现的异常情况，看上去虽然都不是什么大问题，但已经足够引起古伟和阿虎的重视了。

蟠猫虽然一直和拉面走在最边上，但异于常人的灵敏听觉让她在喧闹无比的嘈杂声中，清晰地捕捉到阿虎经过古伟身边时轻声说的那句"小心点"。恐龙人智商非常高，得到信息后不动声色地拍了拍身边的拉面，开始暗暗留心观察周围的人和环境。

拉面却无所谓，它从幼年长到亚成年的过程中，与它同龄的兄弟姐妹，至少有近三分之一夭折在两岁之前。拉面能成功长到4岁多，可谓历经磨炼，因此它并不十分在意。现在马上要去的时代虽然不是它最熟悉的白垩纪，但能跟它的同

类甚至可以说是祖先见个面，还是令它很兴奋。

登上越野车后，古伟几人各自坐好，拉面则钻进越野车后部的车厢里蹲着。

坐好扶稳，准备出发！

高能量波动出现后，虫洞发生器的金属框架内，磨砂镜子般的虫洞闪现，混沌的蓝色光芒如湖水般荡漾，看上去诡异又令人向往。

身处地球另一端的艾尔托德此刻正悠闲地挥动着他心爱的球杆，在蓝天白云碧草中打高尔夫球。难得今天没什么特别的事情，天气又好得出奇，正适合出来运动一下。球场地处纬度偏高的地区，这个季节秋高气爽，阳光明媚，湛蓝的天空中没有一丝杂色，球场上绿茵茵的青草生机盎然。大片绿色在蓝天的衬托下，景色如油画般美丽。

艾尔托德在开球点站好，两只脚前后左右轻微挪动，调整身体与球的距离，双手握着球杆反

复比画，不时抬头低头，眼睛在近 200 码（约为
182.88 米）外的小红旗与脚下的小白球之间来回
切换，不厌其烦地测量着距离、风向和风速，以
及击球的角度。

这时，电话响了。助手掏出电话看了一眼，
赶紧上前几步。艾尔托德看了一眼屏幕，点了点
头。助手立刻在手机屏幕上轻轻一点，时空快车
首席执行官真人大小的虚拟影像立刻出现在艾尔
托德面前。

"总裁，他们已经出发去侏罗纪了。"首席执
行官恭敬地继续说，"请问您打算什么时候派出
'收割者'呢？"

艾尔托德依然在比画球杆，调整着击球角度，
头也没抬地回答："急什么，我之前不是说了吗？
先让他们好好玩两天，几个小孩子而已。之前那
几次也不见你这么紧张，这次只是几个小孩子，
怎么反倒紧张起来了！"

首席执行官连连点头称是。

艾尔托德用力挥动球杆，球在球杆的大力击打下离开球钉腾空而起，在空中划出一道漂亮的弧线，准确地落在果岭（高尔夫球运动中的一个术语，是指球洞所在的草坪）上。小白球在距离插着红旗的球洞附近停了下来。

"好球！"一旁的几个好友纷纷鼓起掌来。艾尔托德举起球杆笑着点头致意，他现在的心情比今天的天气还要好。

此时，1.5亿年前的侏罗纪，正值日落黄昏，巨大的火红色太阳已经失去了耀眼的光芒，悬停在高大的活火山边上，整个天空一片橘红色。远处连成片的森林只剩下黑色的剪影，只有一些特别高大的树木三三两两地突出在森林黑影之上。

一轮圆月从另一侧升起，天空中呈现出日月同辉的瑰丽景色。灰蓝的天空中零星闪烁着几颗星星。三五成群的翼手龙，舒展着它们无名指与后肢之间相连的膜翼迎风翱翔。夕阳的余晖给它们勾勒上一层金色的边线，在渐渐昏暗的天空中分外显眼。

中生代的侏罗纪，是爬行动物的黄金时代。大地上是各种各样的恐龙，翼龙在天空中称王，海洋则是鱼龙的乐园。这个时代，真正意义上的草还没有出现，大地被各种蕨类植物覆盖得严严实实。松柏、苏铁（世界上最古老的种子植物，曾与恐龙同时称霸地球，被地质学家誉为"植物活化石"）、银杏等连成遮天蔽日的密林。繁盛的裸子植物为植食性恐龙提供了取之不尽的食物，而数量庞大的植食性恐龙则供养着食物链更高一级的肉食性恐龙。

"啊！侏罗纪，我们来啦！"阿洛兴奋地大喊大叫。刚从虫洞钻出来，阿虎就打开了车子的顶棚，阿洛的声音在旷野中传得很远。

在侏罗纪，古伟和阿虎算得上是故地重游，只不过他们以前都是因为任务才来的，旅游还是头一回。蟠猫和拉面则跟阿洛一样，从没来过这

个时代，对他们来说一切都是新鲜的。蟠猫扶着越野车的顶棚横梁站在车里眺望，拉面则是直接跳到地面上，一边跟着车跑一边四处张望，一副兴致勃勃的样子。

对故乡在白垩纪的拉面来说，它很快就发现侏罗纪与白垩纪存在相当大的差别。整个侏罗纪世界，酷似温室气候，温暖而潮湿。尽管有局部的干旱地区，但大陆上绝大部分地区，是郁郁葱葱的绿洲。大气层氧气含量是现今的68%，二氧化碳含量是工业时代前的5~7倍，平均气温则比现今的高3℃。由于显花植物还没有出现，茫茫大地除了深深浅浅的绿色，就只有偶尔露出地面的灰色岩石了。

这样的大气环境，空气转换器是户外活动的必备工具。通过气管植入的微型空气转换器的工作时间只有七天，上次植入的早已失效，因此古伟、阿虎和阿洛在来之前再次植入了空气转换器。

低可视度涂装的哑光深灰色全自动电能越野

车，在长满蕨类植物的大地上弛骋，像一艘在大海中航行的小船，破开墨绿色的波浪。电能车没有太大的噪音，车轮压在浓密植物上，植物滑过车体时发出轻微的"沙沙"声。分散在四周的一小群梁龙并没有理会这个不速之客，依然悠闲地低头吃着植物。

"快停车！"阿洛以前只在博物馆里见过梁龙化石，以及 AR 技术呈现出来的梁龙，从来没见过真的。看着那庞大的身躯，阿洛震惊得张大嘴巴，一句话也说不出来。

这也难怪，第一次见到这种侏罗纪时期的标志性巨兽，所有人反应可能都差不多。

成年梁龙的体重可达 10 吨，从鼻子头到尾巴尖，长度可超过 30 米。其实，梁龙的身体并不算特别粗壮，相反还有点骨感。它的长脖子和长尾巴相加就占了它身长的三分之二，特别是接近 14 米的大长尾几乎占了全身一半的长度。梁龙虽然有一个 7 米多的长脖子，不过并不像很多人认为

的那样，它的脖子可以如天鹅的脖子般高高抬起。由于骨骼构造的问题，它的脖子只能平平地伸向前方做扇形活动。此刻，几只梁龙就正用长脖子左右"横扫"着地面的美食。

梁龙是温顺的巨人，每天需要不停地进食大量植物。它们的脑袋相对于它们的体形来说比例很小，长满钉子般牙齿的嘴巴还不停地咀嚼，这个样子怎么看都给人一种呆萌的感觉。

阿洛仰头看着不远处的几只庞然大物，喃喃地说："梁龙如果能小一点儿的话，当宠物应该不错。"

"别被它现在的样子给骗了。"古伟说，"一只暴怒的梁龙是非常危险的。不仅因为它个头大、力量大，而且它身上自带的武器也很厉害，可别小看了它。"

梁龙不停挥舞的尾巴就是它的武器，平时用来驱赶围绕在身边的小动物。遇到危险时，抵御外敌的功能就能发挥得淋漓尽致，让它抽中一尾巴后果将不堪设想。另外，它那两条比大象前腿还粗壮的前肢内侧各长着一只锋利的爪子，危急的时候，梁龙能借助更粗大有力的后肢，在尾巴的帮助下将上身抬起，用爪子去攻击敌人，杀伤力同样惊人。

越野车安静地停在林间的空地上，身后的林子里传来树枝噼里啪啦折断的声音，紧接着"沙沙"一阵乱响。几个小伙伴赶紧回头看，傍晚的浓密的树林中一片漆黑，几乎什么都看不到，隐约可见林子深处黑影重重，似乎有一大群巨大的动物正朝这边来。

古伟和阿虎松了口气，幸亏不是巨型肉食性恐龙。虽然越野车上配备有驱赶恐龙的声波装置，但考虑到拉面和蟠猫的特殊情况，还是不要轻易使用得好。

黑影们一个接一个钻出树林走入蕨丛中，大地都在颤动。原来是一大群背上长着骨板的恐龙在丛林中穿行。

"剑龙！看，是剑龙！"阿洛指着那群恐龙，尽力控制住自己，没有大喊大叫。阿洛觉得很幸运，刚刚来到侏罗纪，就见到了自己最喜欢的两种恐龙。

剑龙也是侏罗纪时期的著名动物。它们的体形虽然不如梁龙的大，但身长也有9米，身高3米多，体重能达到4吨。剑龙最显著的特征就是它们背上那一排巨大的、斜指天空的三角形骨板，而且它们的尾巴尖上还有两对长达1米多的尖锐骨刺，这些都是它用来抵御敌人的最强武器。

剑龙头部尖尖的，其脑容量跟现代的狗的脑容量差不多，几乎是所有恐龙中脑容量最小的一种。

剑龙们的行动有些笨拙，慢吞吞地从越野车两边绕过，径直向着梁龙群而去。梁龙们明显感觉到一丝危险的气息，愈加频繁地挥动长尾，可以看出它们一直保持着警觉。

剑龙群的加入，激起了梁龙们的不满。梁龙

们纷纷抬起头，发出嗷嗷的叫声，警告剑龙们不要骚扰自己进食。可剑龙群毫无反应，不时抖一抖身体，依旧没有停下脚步。

"啪！"一声清脆的响声回荡在荒原上空。最大的一只梁龙忍不住发怒了，它用长尾巴抽打在距离它最近的一只剑龙背上。

被打的剑龙"嗷呜"一声大叫，不过它皮糙肉厚，也不太在意，继续低下头前进。

梁龙毕竟数量少，面对这么一大群剑龙，它们最后还是选择了妥协，暂时放弃了地面的美食，尽量把头抬起来，去吃半空中坚硬的苏铁。

蟠猫满眼惊奇，呆呆地注视着眼前的一切。这些巨大的恐龙虽然都算是她的远亲，但体形的差距实在太大，这让她陷入一种奇怪的幻觉，仿佛一切都是梦境。

"蟠猫，你试试看能否与它们建立脑电波联系。"古伟在蟠猫身边轻轻提醒。蟠猫是恐龙人，理论上是所有恐龙进化的最终极的形态，而且她

经过专门的强化训练，说不定真能交流呢。

"好，我试试。"蟠猫轻轻闭上眼睛，大脑飞速运转，试着调节自己的脑电波与面前的大家伙同步。过了好一会儿，蟠猫睁开眼睛，遗憾地说，"剑龙不行，它们的智商实在是有点儿低。梁龙离得有点儿远，而且它们似乎对我们充满戒备，暂时还没办法交流，以后再找机会吧。"

这时，拉面的话同时出现在几个小伙伴脑海中："看吧，我都说了，脑袋这么小肯定很笨。"

巨形恐龙就在不远处，几个小伙伴不敢大声喧哗，但还是忍不住轻声笑了起来。

第四章

跟踪梁龙

火红的夕阳落下了地平线，天色黑了下来。皎洁的月亮升上了天穹，发出清冷的光辉。侏罗纪大地呈现出与白天完全不同的另一番景象。

剑龙群还在低着头赶路，那带着又长又尖骨刺的大尾巴在电能越野车上空不停地比画着，看得几个小伙伴心惊肉跳，生怕一个不小心把车掀翻了。幸好成年剑龙臀部离地有两米多高，大尾巴只是在车顶上扫过，有惊无险。剑龙虽然走得不算快，但一直在前进，一会儿就穿过梁龙间的

47

空隙走远了。

梁龙们总算可以静下心来继续进食了。它们一边扫荡着地面的羊齿和木贼，一边沿着林间空地避开茂密的丛林，向另一个方向迈开步伐缓缓前行。它们个头太大了，喜欢空旷有腾挪余地的地方，往林子里钻对梁龙来说纯粹是自讨苦吃。

越野车悄悄地跟在后面，车子轧在厚厚的植被上发出的"沙沙"声，一点儿都不会惊动前方不远处的庞然巨兽。

在经历了刚刚到达侏罗纪时的兴奋后，几个小伙伴在车上举行了一次小小的会议，议题是如何充实地度过这次侏罗纪之旅。

鉴于出发前不经意观察到的一些异样情况，古伟和阿虎一直都在仔细留意着各个方面。蟠猫和拉面得到了他们的提示，也都是小心翼翼。因为担心越野车上安装有监控设备，暂时还不方便告诉阿洛，因此只有阿洛一人蒙在鼓里。

"要不这样吧，我们来侏罗纪不容易，到处乱逛实在有点儿浪费，不如干脆由古伟带队，我们来一次小小的科考怎么样？"见大家各有所思都不出声，阿洛首先提议道。

话音刚落，小伙伴们齐刷刷地把惊讶的目光都聚焦到阿洛脸上。"嘿，阿洛同学，很难得啊！如果这个提议是古伟提出的呢，我一点儿都不会觉得惊奇，但现在居然是你提出来的，那还真的是眼镜片碎了一地啊，哈哈哈……"阿虎第一个笑出声来，气氛顿时活跃了许多。

古伟笑着接话道："阿洛，你能这么想的确难得。三天两夜的时间不算长，我们不适宜走太远。另外，由于树林茂密，贸然深入很可能会遇到危险，因此我建议就跟着这几只梁龙做一次跟踪观察好了，让阿洛同学过过当古生物学家的瘾。"

计划很快制定好，无非就是跟着这几只梁龙，观察它们日常的生活习惯，以及群体内如何进行"社交"，食谱里都有什么……这一套东西对古伟来说，只不过是他的本职工作而已，但阿洛是头

一回扮演古生物学家的角色，他鼓足干劲，认真细致地全情投入。

梁龙们在前头悠闲地迈动四根大柱子般的长腿，不紧不慢地向前走着。它们很清楚有一个从未见过的东西跟在身后，而且还感觉到了另一股陌生的危险气息，不过它们并不在乎。身为这个时代体形最大的恐龙之一，成年后的梁龙基本上没有天敌，就算是异特龙、永川龙、蛮龙这些同时代顶级的肉食者，遇到它们一般也不会贸然发动攻击。除非它们真是饿得不行，否则为了一顿饭挑衅这样的巨兽，实在是不划算。因此梁龙群不紧不慢地按照自己的节奏行动，完全无视那个四四方方慢腾腾移动的"小盒子"。

越野车的速度很慢。为了不打扰其他动物，古伟他们没有打开车灯，几只庞然大物在前面分外明显，即使借着月色也不用担心丢失目标。

"什么？有这种事？你们到现在才告诉我！"尽管阿洛刻意压低了声音，可低沉沙哑的怒吼还是向其他伙伴表达出了他的气愤。

古伟、阿虎和蟠猫彻彻底底检查了一遍越野车，确定把发现的几处监控设备都破坏了以后，才把他们之前发现的异常情况告诉了阿洛。

"冷静点，不把监控设备拆除怎么跟你说？这些都还只是暂时留意到的一些异常而已，不代表时空快车真的有阴谋，不过是提醒大家多留心。来到侏罗纪，大家处处都要小心。"古伟等阿洛发完脾气，才慢慢跟他解释。

阿洛知道自己心里藏不住事，如果早让自己知道，可能会表现得不自然，说不定还会有麻烦。但是一想到这么重要的事情，他居然是最后一个知道的，阿洛还是一副愤愤不平的样子。

没过多久，阿洛听到古伟和阿虎商议接下来的行程安排和应急措施，他也忍不住加入了讨论，把刚才的不开心抛到了脑后。几个小伙伴七嘴八舌，但除了知道时空快车这家公司是同行业的老大，其他一无所知。

"算了，别瞎猜了，也就三天两夜而已，他们应该搞不出什么花样。只要我们留心观察，不单独行动就好。现在我们观察一下地形，找地方准备过夜吧。"见实在讨论不出什么结果，阿虎果断结束了这个话题。

蟠猫和拉面懒得去理会几个吵吵嚷嚷的男同学，自得其乐地四处张望。对于来自白垩纪的他们来说，侏罗纪是一个完全未知的世界。虽然时隔上亿年，这里有不少植物在他们的时代也是存在的。远处的森林繁密茂盛，从远处看黑乎乎的一大片，交错的树枝和树叶几乎把所有光线都挡在了林子外面。林子主要由松柏组成，其间夹杂着40多米高的银杏树，鹤立鸡群般巍然耸立。

夜晚的树林里并不平静，空地上各种各样的生物奔跑喧闹，热闹程度与白天相比一点儿都不逊色。

一群灵龙飞奔而至，从右边越过车身，在车前又拐到了左边，脚不停步地钻入前方的树林，很快失去了踪迹。灵龙果然是"名如其龙"，异常灵敏，有好几只等不及绕过车头，就直接跳上了引擎盖，然后蹦跳而去。月光下能清楚地看到，这种小型植食性恐龙体长1米多，奔跑速度极快。最后跳上引擎盖的一只灵龙，甚至还扭头看了一眼挡风玻璃，似乎在责怪这慢腾腾挪动的东西阻挡了它们的路。

在恐龙时代的各个时期，占据数量和种类优势的永远都是昆虫，天上飞的、地上爬的，它们几乎分布在地球的每一个角落。阿洛终于见识到了如苍蝇般大的蚊子，它们被车内微弱的灯光吸引，不断地往车窗玻璃上撞。

阿洛突然想起了什么，赶紧拉着古伟问："古伟，我记得以前看过一些书，说恐龙是很原始的冷血动物，就像鳄鱼一样，夜晚不能行动，要到白天晒热了身体才能活动，可怎么刚才那些小恐龙大晚上的还到处跑呢？而且我们跟踪考察的梁

龙，它们也一直在动啊。"

古伟回头瞄了阿洛一眼，忍着笑努了努嘴说："这个问题要不要问问你身后的那位同学呢？"

阿洛愣了愣，下意识扭头看向身后，却被一双瞪得直冒火的眼睛吓了一大跳。几个小伙伴脑海中同时响起一声愤怒的吼叫："阿洛，你说谁是原始的冷血动物？你再说一遍！"

"哈哈哈……"大家都忍不住笑了起来。阿洛一脸尴尬地赶紧跟拉面说好话。他可是见识过拉面的真实战斗力，它要是发起飙来自己绝对没有好下场。

古伟边笑边解释说："早期人们对恐龙还不太了解，的确曾通过现代爬行类动物的行为来推断恐龙的特点，因此当时认为恐龙是像鳄鱼一样的冷血动物。后来随着研究的深入，人类对恐龙的认识也不断加深，在实现时空穿梭之前的古生物研究中，认为恐龙是热血动物的看法就已成了主流。现在，科学家可以亲身回到远古去研究早已

灭绝的物种，再继续讨论热血和冷血已经没有任
何意义了。拉面一天到晚到处疯跑，你认为它真
的是要靠早上晒一晒太阳，身体暖和了才能活动
吗？它不咬你已经算是给你面子了。"

"我刚才跟其中一只恐龙交流过了。"来到侏
罗纪后一直保持安静的蟠猫突然开口说道。

这句话让所有人安静了下来，众人的目光齐
刷刷投向蟠猫，就连拉面都一副惊呆的表情。古
伟第一个反应过来，他猛地从前座扭过身来，狂
喜地冲着蟠猫大声问："真的吗？什么时候交流
的？你们都说了什么？"对古生物学家古伟来说，
能跟古生物直接进行交流，意义重大。

面对面跟恐龙交谈，当然要比拿着它们的化
石研究，或者跟在它们身后跟踪考察更直接、更
有效。

蟠猫看到古伟几个人这么开心，也笑了起来：
"就是刚才跑过去的那群，被古伟叫作灵龙的小恐

龙。我试着调整我的脑电波与它们沟通，前几只都失败了，直到最后跳上来的那只，因为它距离我们最近。当它跑过去的时候我跟它打了个招呼，然后它停了停，扭头看了我一眼，回了我一个信息。用人类能理解的意思来说，它其实只说了一个字——'嗯'。"

尽管只是一个字，却是具有划时代意义的大事件，这可是有史以来第一次人类——蟠猫这样的恐龙人也算人类——在野生环境下与恐龙成功地直接进行交流。

虽然拉面早就能够跟人类进行沟通交流，但这是因为它经历了那次虫洞意外事故后智力被强行提高了。蟠猫作为融合了恐龙和人类两种基因的恐龙人，有她特殊的地方，但毕竟她也是人类，这就说明人类的脑电波通过一定的改造和加强，是能够与其他物种建立直接联系的。

古伟越想越开心，想象着以后自己野外科考时，也有机会直接跟恐龙交谈，不禁手舞足蹈起来。这是他这一段时间以来最开心的事了。

夜已深，气温也渐渐降了下来。相比白天的炎热，野外的夜晚开始透出丝丝凉意。越野车依然悄无声息地跟在几只梁龙后面缓慢前行。

似乎来到了林间空地的尽头，一片稀疏的树林挡在了前面。几只梁龙没有改变前进方向，更没有减缓速度，不带一丝犹豫地径直闯了进去。

幸好树与树的间隔还算宽敞，足够让大体格的梁龙们任意穿行。越野车跟着梁龙也进入了树林，明亮的月光透过枝叶洒在遍布树木间的蕨类植物上，显得光影斑驳。

穿出林子的瞬间，眼前豁然开朗，一轮明月倒映在看不到尽头的水面上。这是一个极其广阔的大湖，湖面绵延，在远处与夜空连成一片，让人产生奇妙的错觉，不知道是湖水一直流淌到天边，还是天空延伸铺到了湖面。

越野车缓缓停在了林子边上。在这 1.5 亿年前的湖畔夜景中，几个小伙伴都没出声，静静地

看着这动人心魄的画面。

梁龙们可不是来赏月的，它们把几米长的脖子探入湖中喝水，湖面激起阵阵涟漪。

湖边是个宿营的好地方，小伙伴们一致决定今晚就在此处过夜。

拖挂在越野车后的房车有足够的空间让几个小伙伴休息。把房车的一面壁板展开，撑起遮阳篷，在篷下摆放几张小凳子，在空地处再点起一堆篝火，这里就变成了一个舒适开阔的露营地了。

围着篝火吃了点东西，每个人都困了，除了拉面执意要去湖边喝水，其他的小伙伴都进入房车休息了。

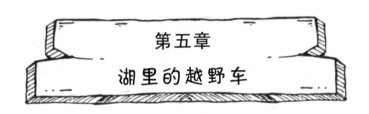

第五章
湖里的越野车

"呜呜呜……"

还没入睡的古伟几人突然听到拉面发出的叫声，随即每个人脑海中同时响起拉面的话："快过来看，我发现了奇怪的东西！"

阿虎第一个冲出了房车，古伟、蟠猫和阿洛也紧随其后，朝拉面跑过去。拉面正盯着湖面的某个地方，几人顺着拉面的目光看去，也都呆住了。

月色明亮，一坨黑乎乎的东西半浮在不远处

的湖水中，它的一部分露在湖面上。所有人都看得清清楚楚，那是一辆自动电能越野车，跟他们这辆车一模一样！

这究竟是怎么回事？

按照时空旅游的相关规定，在前一个旅行团结束旅行回到现代之前，绝不能向同一个时间节点再次发送旅行团。因此在侏罗纪，不应该还有其他人类存在。

"会不会是之前的旅行团出了什么状况，不得已把车留在这里呢？"蟠猫率先说出了自己的想法。

不过这个观点很快就被古伟和阿虎否定了。古伟说："可能性不大，一来，我们从未听说过这段时间时空旅游出过什么事；二来，就算真出了事，旅游公司也必须要把本不属于这里的东西清理走，绝对不能就这么扔在这里。"

身处中生代深夜的大湖边，面对着湖水中沉没了一大半的越野车，几个小伙伴左思右想，完全没有头绪。

古伟抬头看了看天，又四周环视了一下，说："现在太晚了，越野车距离湖边有点距离，贸然下水也不安全。我们先睡觉，等天亮了再说吧。"说着古伟招呼大家往营地走，嘴里自言自语着："唉，希望那辆车里没人……"

"你是说车里会有人？"阿洛听到古伟的最后一句话猛地停下脚步，脸色苍白，说话的声音都颤抖了。别看阿洛平时大大咧咧，现在又跟着古伟和阿虎学习古生物知识，成天嚷着要去野外科考，但说到可能会有死人，别说是亲眼看到，就算只是听说或者联想，他都会不由自主地紧张。

回到房车后，阿洛失眠了，满脑子都是湖水中的越野车，黑乎乎的车里，是不是坐着几个……联想到这些，阿洛感觉浑身发冷，连后背的汗毛都竖起来了。他的眼睛一刻都不敢闭上，总感觉一旦闭上眼睛就会发生什么。

睡在上铺的古伟深谙野外科考的规则，现在

63

他们必须抓紧时间休息，养精蓄锐，才有精力完成任务。难得这次来侏罗纪有这么好的条件，房车虽小却样样齐备。小小的床铺躺着相当舒适，可比他以前野外考察睡的帐篷舒服多了。古伟很快就沉沉睡去了。

阿洛翻来覆去折腾了半天，依然毫无睡意，干脆翻身坐起，穿好衣服和鞋子蹑手蹑脚地走出小卧室，嘴里小声嘀咕着："反正也睡不着，还不如去跟阿虎一起守夜。"在轻轻打开房车门时，他看了一眼房车另一侧蟠猫和拉面住的卧室，此刻房门紧闭，里面传出拉面粗重的鼾声。

"唉，每个都睡得挺香，原来就我一个睡不着啊。"阿洛一边自言自语一边跳下房车，朝坐在篝火边的阿虎走去。

在异域时空的营地附近，发现其他人类活动的痕迹，这可不是一件小事。身为 ATS 第五大队前队长的阿虎立刻把警戒级别提升到了最高等级。安顿小伙伴休息后，他一个人抱着一根用树枝加工成的木棍，守在营地的篝火边。

此时的侏罗纪，正处于夏末，空气中已经带着一丝凉意。阿洛用力吸了几口微凉的空气，带着大湖湿润气息的空气涌入鼻腔，一股清凉直抵胸腔，之前混混沌沌的脑子一下子清醒了许多。阿洛双手不停地挥动，驱赶着耳边乱飞乱撞的飞虫，几步跑到阿虎身边坐了下来。

"给你，把这个贴上吧。"阿虎递给阿洛一只纽扣大小的电子设备。阿洛接过来，按照阿虎的示意把这只"微型超声波驱蚊器"贴在衣领上。神奇的事情发生了，飞虫们就像遇到讨厌的事情一样纷纷飞走了。

阿虎不时警惕地观察着四周，尽量不放过任何一个细节。"唉，就不能安安心心旅游吗？早知道带几架微型无人机来，这样就不用担心会看漏什么了。"阿虎边观察边自言自语，懊恼自己怎么不带上些趁手的装备。

"阿虎，我老感觉你和古伟以前在时空管理总

局工作，很神秘、很好玩，要不你跟我讲讲吧。"
阿洛自从知道古伟和阿虎的真实身份后，就一直
很好奇，一有空就问个不停。不过时空管理总局
的工作是有保密条例的，因此他们俩一直守口如
瓶。两个人越是不说，阿洛就越是好奇。现在漫
漫长夜只有他们两人，实在有点无趣，阿洛就趁
机再次追问。

阿虎见一切正常，于是就挑一些不涉及机密
的事情和一些执行任务时遇到的趣事说给阿洛听，
满足一下他的好奇心。

阿洛立刻精神大振，早把之前一直担心的那
辆湖中的越野车丢到九霄云外去了。此刻他竖起
耳朵全神贯注地听着，生怕错过精彩的地方。阿
虎平日里并不是一个十分健谈的人，难得有阿洛
这么喜欢听他讲述的听众，也就打开了话匣子，
又把他在 ATS 这些年来碰到的各种有意思的事说
给阿洛听。

讲的人滔滔不绝，听的人眉飞色舞，时间过

得飞快。

　　只是慢慢地，阿洛发现阿虎的语气渐渐低沉了下来，他神情肃穆，似乎想到了什么特别不愉快的事情。

　　"阿虎，你怎么了？"阿洛试探着轻声问道。

　　阿虎沉默了一会儿，轻轻呼了一口气，抬起头看着阿洛说："阿洛，你现在听我讲述 ATS 的事，不过是当作故事一样，觉得很精彩、很好玩儿。但实际上，由于一些人的贪婪和他们对金钱、权力的无穷欲望，导致我们在执行任务过程中，充满了各种未知的危险。在我加入 ATS 的这些年里，总共有 23 位战友在执行任务时牺牲了。我记得他们每一个人的名字，每一张充满朝气的年轻的脸……"

　　听了阿虎的这番话，阿洛原先兴奋的表情消失了。虽然他还是一个 12 岁的学生，不能完全体会阿虎此刻的心情，但他也对 ATS 的工作有了更多的理解。ATS 的队员不单是看上去那么酷，他

们的工作更是充满了艰辛和危险。

　　侏罗纪夜晚的大地，跟现在的非洲大草原有些类似。此起彼伏的吼叫声，或高亢嘹亮，或低沉厚重，在原野上空久久回荡。明亮的月色之下，各种夜行动物开始活跃起来，不少小型恐龙在追逐打闹，同时也在寻觅昆虫或者小型哺乳动物来当点心。某些大型肉食性恐龙则不知疲倦地在狩猎，以填饱它们的肚子。

　　营地不远处那一小群梁龙，早已吃饱喝足，站在林子边上，互相紧紧靠在一起进入了梦乡。侏罗纪的巨型恐龙因体形和体重太大的原因，躺着睡觉容易伤到自己，所以它们都是站着睡觉的。

　　不知不觉中，当空的明月已经落到了天穹的另一侧。天边开始发亮，一抹金色出现在水天交际的地方，湖水中树木的倒影斑斓闪烁。

　　阿虎和阿洛并肩站在湖边，静静地看着湖面的日出。带着湖水潮气的清凉微风迎面吹来，新的一天开始了。

经历了昨晚与阿虎的交谈，阿洛对死亡似乎有了不一样的认识，对不远处湖水中的那辆越野车也没那么在意了。

"侏罗纪的日出很美，是吧？"古伟的声音从阿洛背后传来。他回头看去，只见古伟神采奕奕地站在身后，穿戴得整整齐齐，看来早就已经准备好了。

"阿洛，昨晚你一夜没睡，应该跟阿虎聊了很多吧……"古伟看了阿虎一眼，拍了拍阿洛的肩膀，继续说，"阿虎一定告诉了你不少有关时空管理总局的事。你很聪明，但如果真的想研究古生物，就要耐得住性子，定下心来好好学习，这是没有捷径可走的。"

阿洛听了古伟的话，并没有像往常一样要宝，而是盯着即将跳出水平线的朝阳，若有所思。

天色亮得很快，几乎是眨眼工夫，整个侏罗纪世界就迎来了白昼。临时科考小队的观察对象——那几只在湖边林子中睡觉的梁龙，刚醒来就伸长了脖子，开始"清扫"面前鲜嫩可口的植物。

蟠猫早早起来弄好了吃的招呼大家，拉面叼着一大根肉骨头跑到旁边埋头"嘎吱嘎吱"啃了起来。早餐的时间短暂而美好，之后大伙立刻进入"工作"状态——要先把湖水中的越野车拖到岸上来。

湖水清澈见底，可以清楚地看到水底的植物，甚至还能看到茂盛植物下面厚厚的淤泥。那辆车距离湖边 10 米左右，部分车身陷入了淤泥里，这说明湖里的淤泥层很松软而且非常厚。

"还是我去吧，这里我最轻，而且这是侏罗纪的湖水，你们下去身体可能会出问题。"蟠猫边说边把外衣脱掉，然后随手夺过阿虎手里的拖车钩。阿虎早已把越野车电动绞盘上的钢缆拉了出来，正准备下水去钩挂到湖中那辆车上。

"让蟠猫去吧，她说得对。"古伟阻止了准备夺回拖车钩的阿虎，继续说，"侏罗纪的湖水虽然清澈，但可能含有一些我们人类身体无法适应的物质，而且别看这水里现在很平静，水里的情况可能比陆地上还要复杂。应付一些突发情况，蟠猫会比我们更有优势。"

蟠猫拉着钢缆走进水里，拉面则跟在她后面警惕地观察着两侧。

蟠猫不愧是恐龙人，身体素质明显优于普通人类。她灵活地利用湖底水生植物的张力，轻巧地跳跃着在湖水中前进，很快就来到那辆越野车的车尾处，把钢钩牢牢扣在车身后部的挂钩上，向岸边打了个手势，转身往回走。

阿虎收到信号后立刻启动岸上越野车的绞盘。因为湖里的越野车陷入泥中较深，拉动后，邻近水域的水都被搅浑了。

正当岸上的古伟几人全神贯注地盯着那辆越

野车的时候，不远处的水面突然泛起了水花，一条巨大的长圆筒形的大鱼从泥水中迅速跃起，张开长满利齿的大嘴扑向蟠猫。

"蟠猫小心！那是大雀鳝！"古伟大吃一惊。大雀鳝可是恶名昭著的湖中杀手！

就算在现代，大雀鳝也是凶名远播的肉食鱼类，是能攻击视线范围内所有生物的超级杀手，也是最凶猛的淡水鱼之一。

从露出水面的背脊来看，这条大雀鳝足有 3 米长，至少有 100 千克重。它的吻部宽而短，一排排尖锐的针状牙齿闪着寒光。一层菱形的骨鳞覆盖在青灰色的背脊上，就像武士的盔甲。

虽然这大雀鳝一直以吃鱼为生，从未见过人类，但蟠猫小小的个头在它看来也跟一般鱼类相差无几，既然食物送上门来，正好当作早餐。

它的圆筒体型很适合高速冲刺，眨眼即至，锋利的针牙眼看就要咬到蟠猫的后背。蟠猫轻点脚下植物，借力在水中跃起半个身位，同时灵巧

地转了个身，躲开了大雀鳝的攻击。

大雀鳝没想到猎物如此灵敏，扑了个空。不过身为鱼类，它在水中有着人类无法相比的优势，长圆筒形的身体仿佛一根强劲的弹簧，在水中用力一扭，3米长的身体已经调整过来，大嘴依然对准蟠猫咬去。

这时候蟠猫身体正在下落，无法躲避，正是最危险的时候。幸好"救兵"及时赶到，拉面"嗷呜"一声从侧后面跳起扑了上去，狠狠地一口咬住了大雀鳝的身体。大雀鳝身体上的骨鳞虽然坚硬，但怎么经得住一头暴怒的特暴龙那巨大的咬合力。特暴龙香蕉型的大牙深深嵌入大雀鳝体内，鳞片瞬间破开，血花四溅，湖水顿时红了一片。

大雀鳝疼痛难忍，拼命挣扎。一阵浪花飞溅，大雀鳝挣脱了拉面的撕咬，转身飞快游走，迅速消失在湖水深处。湖面又恢复了平静，只有渐渐消散开的大片血污似乎在诉说着刚才那惊险的一幕。

"怎么样？我厉害吧！"刚刚上岸的拉面一脸傲骄地看着围在自己周围的小伙伴。蟠猫则在旁边轻轻摸着它的头，笑而不语，他们俩之间根本不需要口头上的互相感谢。

湖里的越野车很快被拉到了岸上，几个小伙伴怀着忐忑的心情围了上来。看着满是淤泥的车身，还有不停从车身缝隙中流出的水，大家的心都提到了嗓子眼儿，每个人都能清晰地听到自己胸腔里不停加快的心跳声。

阿虎站了出来，示意大家退后几步。他走到车头的位置，反手握着门把手用力一拉，车门应声打开，"哗啦啦"一大堆泥水冲了出来，其间还有不少狼鳍鱼在不停地跳动。

阿虎看泥水排得差不多了，他绕过车门往车里看去。不得不说，退到12岁后，身高给他增加了不少障碍。如果是以前的身高，哪用绕过车门这么麻烦……

阿虎仔细查看车的内部，除了堆积的烂泥和水草，看不到其他东西，他长舒了一口气。

"阿虎，里面……里面有没有人？"阿洛果然还是最关心这个问题。

看到阿虎摇头，阿洛整个人也放松了许多。随即后脑勺被人拍了一巴掌，不用问都知道是古伟，"我跟你说阿洛，你以后要还是这个德行，长大做古生物学家你就别想了。"古伟揶揄道。阿洛深受打击，双肩有气无力地垮了下来。

古伟、阿虎和阿洛三人动手，忙里忙外地把整辆车翻了个底朝天，也没找到任何有价值的东西，一丁点儿线索都没有。根据阿虎的推测，这辆车至少在水里泡了一个月，就算是有什么痕迹，也早已被湖水冲刷干净了。

正当大家毫无头绪的时候，阿虎眼角余光捕捉到一丝微弱的反光，越野车后座椅垫缝里似乎有什么东西。阿虎凑过去仔细翻找，竟然从里面翻出一条细细的纯金项链！

项链虽然被埋在淤泥中，但金灿灿的颜色依然遮挡不住，只是其中一小段上凝结了些黑乎乎的东西。

"这东西上有人血的气味！"凑过来的拉面最先发现异常。由于时间过去太久，鲜血早已变成了黑色，但依然逃不过拉面灵敏的嗅觉。

这下大家劲头又上来了，再度干劲十足地投入搜查工作中，可是再也没有任何新发现了。泄气之余，大家在阿虎的建议下，把越野车推入丛林中，用树枝、树叶遮盖起来，打算等回到总局后报告，再看如何处置。

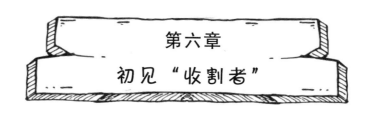

第六章
初见"收割者"

"金项链上的是人血，意味着之前车里的人出了事，可我在总局没听到任何关于侏罗纪有如此严重事件的报告，这就很奇怪了。"古伟一边说一边小心翼翼地把项链放进密封袋里。金项链作为重要证物已被妥善保管起来，这要归功于阿虎一贯严谨的工作习惯。

蟠猫也凑了过来，忽闪着她那双比例超大的眼睛观察了一阵，直起身子说："捞出来的这辆车跟我们的车完全一样，连上面的字都是相同的，这么看来，时空快车这家企业瞒着世人做了不少事情呢……"

她话还没说完，一直蹲在身边的拉面神情一变，猛地跳了起来，抬头注视着一边扇形"清扫"食物一边缓缓远去的梁龙，全身肌肉绷紧，大嘴微张，露出锋利的牙齿，嘴里"呼呼"喷着气。

"大家小心，我感觉有些异常！"拉面略显紧张的声音在古伟几人脑海中响起。

不仅拉面如此，蟠猫也双拳紧握，脸色严峻，全身的肌肉紧绷，身体微微颤抖。古伟和阿洛从未见过蟠猫紧张成这个样子，他们把重要证物收起后都快速围拢过来，目光随着拉面和蟠猫的视线看过去。

"吼——吼——吼——"几声吼叫后，梁龙身边的林子里一阵"噼啪"乱响，在梁龙们还没来得及做出反应的时候，一只巨型恐龙突然从林中猛扑而出。这只体形巨大的肉食性恐龙体长大约有 9 米，前臂修长灵活，后肢健壮有力，既强壮

又敏捷。它背上披着一层具有伪装色的毛发，使它能隐蔽在树林的阴影中，同时它又处在下风的位置，难怪梁龙们完全没有觉察。

这只恐龙张开血盆大口，巨大的牙齿让人毛骨悚然。它后肢用力蹬地，高高跳起，猛扑到离它最近的一只梁龙背上，前肢牢牢稳定住身体，大嘴狠狠地一口咬下，随即头一扭一扯，一大块肉从梁龙背上被生生撕了下来。

可怜的梁龙血流盈背，疼得厉声惨叫。肉食性恐龙的体重加上猛扑而来的惯性，使梁龙的脊骨受到重创，四肢一软轰然倒下，大地也随之颤抖起来。

短短几秒钟，一只成年的梁龙就这样倒下了，其他几只梁龙吓得四散奔逃。那只肉食性恐龙也不去追赶，低头一口咬断猎物的脊骨，让它再也不能站起来。然而它却不急着进食，而是扭头朝古伟几人看了一眼。

虽然距离超过了 50 米，可那凶残的目光依然

令人感到阵阵寒意。

"古……古伟，这……这是……什么恐龙？"看到如此血腥暴虐的一幕，阿洛眼睛瞪得老大，嘴唇发青，说起话来舌头都有点不利索了。

古伟倒是没太受影响，他目光凝重，眉头紧皱："奇怪，这种恐龙我从来没在任何资料中见过，难道是突然冒出来的新品种？不行，我得过去看看。"说着他就猫下腰，借着树木的掩护悄悄溜了过去。

肉食性恐龙仅仅瞥了几人一眼，就再也不理会他们，埋头大吃起来。梁龙体形巨大，抵受能力超强，虽然遭到了致命一击，但是还活着。只是它的脊骨被咬断，已经彻底失去了反抗的能力，只能被肉食性恐龙活生生地撕咬，发出阵阵哀嚎。随着叫声越来越微弱，梁龙长长地吐出了一口气，彻底停止了呼吸。

湖边林地上突然摆放了十几吨的肉，这简直就是天上掉下来的免费大餐。附近的"居民们"

纷纷从天空中、树林里甚至湖水中蜂拥而至，打算分一杯羹。这些动物个个身怀绝技，为了争抢食物更是各出奇招。

最先出现的是一大群特别小的家伙——近鸟龙，它们嘎嘎地喧闹着，从几棵银杏树下冲了出来。近鸟龙被认定为属于已知的恐龙演化成鸟类过程中的关键基群之一，甚至比始祖鸟更古老。它们浑身披满羽毛，这些羽毛是对称的，它们不具有飞行能力，所以近鸟龙的活动以在地面奔跑为主。一条带毛的长尾巴，则赋予它极佳的平衡能力，让它可以灵活穿梭于林间。它们有着无比锐利的眼睛，早已把刚才惊心动魄的一幕尽收眼底，现在正是来分享成果的。

成群结队的美颌龙也赶来了，它们是近鸟龙的亲戚，虽然也是毛茸茸的，但还没有长出羽毛，它们也叽叽喳喳地围在梁龙尸体四周乱转。美颌龙身体只有鸡那么大，算上细长的尾巴也不过75厘米左右，算得上是体形最小的恐龙之一了。由

于体形实在太小，它们平时只能捕捉昆虫和小型哺乳动物，遇到这种大型聚餐，一般都会被大块头挤到外围去，最后只能吃些"残羹剩饭"。但这次不一样，美颌龙的体形比近鸟龙大多了，凭着体形优势，它们利落地把近鸟龙赶走。难得这次占了先机，美颌龙们早早就占据了有利位置。可那只不知从何而来的肉食性恐龙实在太可怕了，靠太近的话，说不定肉没吃着反而把小命给丢了。好在美颌龙身体轻巧，尤其擅长腾挪跳跃，大家伙们想要伤害它们也没那么容易。现在它们需要的是耐心，等这个大家伙吃饱后就该轮到它们了。

遇到从未见过的恐龙，对古生物学家来说是极大的诱惑。尽管那只恐龙令人毛骨悚然，但几个小伙伴还是跟着古伟，蹑手蹑脚尽可能凑近一些观察。

小探险家们逆着风把身体隐藏在巨大的树后，只不过距离靠得有点近，梁龙尸体的血腥味，混合着那只肉食性恐龙的体味随风飘至。在渐渐升高的气温下，浓烈的腥臭味儿让人有些想吐。

古伟从树后把头伸出来向外张望，那雀跃的样子好像见到了什么特别好玩的东西似的。

"拉面，快看，你的老祖宗来了！"古伟突然用力拉了拉身边的拉面，按捺不住心中的兴奋低声说道。

拉面之前对那陌生的肉食性恐龙也很好奇，而且还有种莫名的熟悉感。不过见那家伙对自己不屑一顾的高傲样子，拉面又觉得莫名气愤：哼，谁怕谁啊！

"什么老祖宗？别乱说……"拉面正聚精会神地用脚爪拨弄脚边几只怪模怪样的昆虫。突然，一种奇妙的感觉从心底涌起，好像有与它有极亲近关系的生物正在迅速靠近。

拉面赶紧把头也伸了出去，满目翠绿的林间深处，比人还高的各种蕨类植物把林木间的空隙填得满满当当。蕨丛被不停扰动，如海浪般翻滚，

发出沙沙的声音。很快蕨丛被从中破开，一小群浑身披着羽毛的小型兽脚类恐龙冲了出来。它们迈开两条长腿飞奔着，速度既快又敏捷，屁股后头竖着一根又长又直的大尾巴，帮助它们保持平衡。

这群如风般赶来的恐龙体形不大，从头到尾1米出头，比美颌龙大一些，但看上去肌肉匀称结实。它们微微张开的大嘴里两排弯曲的尖牙闪着寒光，前肢修长，3根锋利的前指爪摄人心魄。光看健壮的体格和随身的武器装备，武力值明显比美颌龙厉害一个等级。

"这是祖母暴龙，是你们整个暴龙家族的老祖宗啊！"古伟激动地说，眼睛一眨不眨地注视着。

尽管美颌龙占了数量上的优势，但祖母暴龙呼啸而来，一下子就把它们冲得七零八落。

祖母暴龙的首领一直冲在最前方，一来就对着周围的美颌龙张牙舞爪、高声恫吓，以显示它的权威。把美颌龙赶开后，它侧着头审视那自顾自撕咬着梁龙尸体的肉食性恐龙，满眼透着深深的疑惑，很显然祖母暴龙首领从未在这一带见过它。

那巨型肉食性恐龙感觉到来自祖母暴龙首领的目光，扯下一大块肉后转头俯视着祖母暴龙。奇怪的是，它并没有像之前对待美颌龙那般凶神恶煞，反而能从眼神中看到一丝友善。尽管体形差距巨大，但祖母暴龙首领抬头直视它的目光，一点儿都没有惧怕的意思。

目光交流了一会儿，祖母暴龙首领像是感应到了些什么，它扭过头来，炯炯有神的眼睛直直盯着古伟几人的藏身之处，就连那只肉食性恐龙也把目光投向了这边。

"被发现了！"古伟几人不由得心中一惊。在侏罗纪荒野被肉食性恐龙盯上，可不是什么好玩儿的事。

这时候，拉面做了个奇怪的举动，它抖了抖身体，竟然主动从树后走了出去，还扬起头"嗷

嗷"吼了几声。古伟一把没拉住拉面，本来还想赶上去把它拽回来，但见到拉面主动吼叫着打招呼，他也愣住了，不明白它要做什么。

"大家先别动，拉面这么做一定有原因。"蟠猫一把拉住不顾一切想要冲出去的阿洛，让大家先稳住。由于共同的恐龙血缘，她跟拉面的交流要比其他人畅顺得多，甚至有些时候根本无须交流就能理解对方的想法。

眼前奇怪的一幕出现了：围绕着梁龙的尸体，形成了一个不等边三角形，陌生的巨型肉食性恐龙、祖母暴龙首领和小特暴龙拉面各自占据一个点，都在互相打量着对方。

奇怪的是，相比神情不定的肉食性恐龙，和带着些许局促不安的小特暴龙拉面，体形最小的祖母暴龙首领，看上去反倒是最气定神闲的一个。

原本喧哗吵闹的湖边林地，突然安静了下来。在场的各种恐龙停止了互相追逐撕咬，都把目光投向这三个焦点，时间仿佛停止了。

过了好一会儿，那陌生的肉食性恐龙先动了。它深深地看了祖母暴龙首领和小特暴龙拉面一眼，长尾巴一甩，扭过巨大的身体转身离开了。临行前，它的目光向古伟几人的方向扫了一眼，那冰冷得不带任何感情的眼神让他们不寒而栗。

"古伟，我们好像没得罪过这个大家伙吧，怎么看它的样子好像要一口把我们吃掉似的？"阿洛脸色发白，小声嘀咕着。

古伟疑惑地挠了挠头，按照他以往野外科考的经验，巨型肉食性恐龙一般不怎么看得上人类这么渺小的猎物，因为实在连牙缝都塞不满。可是刚才那个眼神，明显包含了敌意。

肉食性恐龙转身离开后，属于众多小型恐龙的饕餮盛宴就开始了。

抢先发动的是祖母暴龙们，它们是目前在场最彪悍的恐龙，自然占据了最鲜嫩可口的部位；美颌龙发动抢攻，利爪勾住尸体的皮肉，占据最

高处的位置；被赶在一旁的近鸟龙也毫不示弱，"叽叽喳喳"尖叫着一拥而上。此外，梁龙尸体的一部分泡在了湖水中，这部分理所当然就成了淡水鳄的美食。它们咬住尸体，用力翻滚身体，撕扯下大块的皮肉，鲜血把靠近岸边的湖水染成了红色……

古伟几人总算松了口气。阿虎一直没怎么说话，这时候突然说："古伟，你有没有感觉那只恐龙像是综合了好几种不同恐龙的特点？"

"对，对！我看那只恐龙也像是混血！"阿洛赶忙附会。

"我也感觉那只恐龙有点奇怪。"蟠猫也表达了她的看法，继续说，"我刚才试图跟在场的各种恐龙交流，虽然很多都没有直接回应，但相对都是友善的，而唯一表示出极大敌意的就是那个大家伙。"

身为古生物学家的古伟，遇到从未见过的物种，总是会先在自己的知识库中搜索一番。如果实在找不到什么信息，一般会列为新种进行归类研究，而非专业的阿虎和阿洛从另一个角度去看问题，反而给他提供了一种新的思路。

古伟寻思了好一会儿，面色凝重地缓缓说道："我仔细考虑了一下，不排除那只恐龙是基因工程的产物。首先，它无论从体形，还是行为，都具有明显的暴龙特征；但它却长着3根长指爪，且前肢修长灵活，健壮有力，这点又跟棘龙相似；它的牙齿跟暴龙香蕉型大牙不一样，更要扁一些；至于它的奔跑速度和一下子跳上梁龙背上这种能力，应该跟伶盗龙有一定的关系……如果它集中了各种恐龙的优势的话，自然界里没有任何动物是它的对手。"

"对了！"阿洛冷不丁吼了一声，把大家都吓了一跳，"古伟，你说过这种恐龙从未出现过对吧，那意思是我可以给它命名啦？"

紧接着他煞有介事地托着下巴想了一会儿，抬起头目光坚定地注视远方，右手拳头用力砸在

 侏罗纪的巨人

左手手掌上，斩钉截铁地说："我决定了，这种恐龙就叫迅猛棘暴龙！"

话音一落，几个小伙伴当即"石化"。

好不容易回过神来，蟛蟚捂着嘴笑个不停，古伟和阿虎两个则手扶前额，感觉脑袋一阵阵发胀。他们俩现在才明白为什么阿洛会到处跟人说，《侏罗纪公园》是他的恐龙启蒙电影了，现在看来这部电影对他的影响还真是深入灵魂呢。

这边小伙伴们正围在一起探讨那从未见过的、被阿洛命名为"迅猛棘暴龙"的恐龙，那边拉面却跟祖母暴龙的首领开始了交流。

祖母暴龙的首领没有跟其他同伴一起去抢夺食物，而是向拉面走了过来。它谨慎地来到拉面跟前，伸直了脖子去闻拉面。小特暴龙虽然只有1岁左右的体形，却比祖母暴龙还要大上一圈。它微微俯下身体，同样把头靠近祖母暴龙头部的一侧，用它们独特的方式辨认着对方的身份。

互相闻来闻去好一阵，祖母暴龙首领仰头发出一阵昂昂的叫声，满意地转身加入了梁龙肉大餐的争夺中。

拉面愣愣地在原地站了一会儿，这才转身回到古伟几人身边。

"我刚才跟祖母暴龙的首领表明身份了，她非常有智慧，能理解我说的事情。说起来，她是我不知道多少辈的远祖了，所以我喊她'老祖母'。她很开心，说如果在附近遇到危险可以找她帮忙……"拉面这段话清晰地回响在小伙伴们的脑海中，着实把大家都惊呆了。

没想到这么短的时间，拉面居然就认了个老祖母回来。

而接下来拉面的一段话，又令小伙伴们的心提了起来："老祖母告诉我，刚才那只大家伙她从来没在这附近见过，肯定是外来的。而且身份也有问题，不像暴龙，但却有着典型的暴龙气息，很有可能也像我一样，根本不属于这个时代。

93

而且，她还说那只大家伙好像对我们有很大的敌意。"

看来这一次免费的侏罗纪之旅，注定是不会平静了。

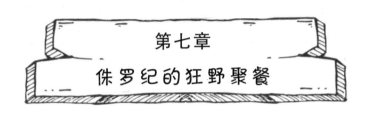

第七章
侏罗纪的狂野聚餐

"什么？你再说清楚一点儿！"艾尔托德阴沉着脸，手指敲击着宽大的办公桌，昨天的好心情被一扫而光。

按理说，艾尔托德能坐上董事会主席兼总裁这个位置，可是真刀真枪拼过来的，什么大风大浪没见过，他早已锻炼得泰山崩于前而面不改色。但现在事关公司转型的最关键的项目，却有脱离他控制的苗头，他不由变得暴躁起来。

国际防务集团虽然是经营范围广泛的巨无霸

企业，但它的主要利润都来源于武器交易。由于全球化的进一步推进，世界已越来越安全，大规模武装冲突越发罕见。这么一来，公司的业务少了很多，再加上其他对手的竞争，利润空间被进一步挤压。业绩不理想，董事会和股东中要求他卸任的呼声越来越高，艾尔托德承受的压力也日益加大。

为了扭转这种局面，艾尔托德决定孤注一掷，他把公司大量的资源都投入到了生物基因工程——以暴龙为基础载体，通过基因改造，人为地叠加其他几种恐龙的优势属性，创造出了一种恐怖的巨型肉食性恐龙，也就是他所谓的"收割者"。

艾尔托德为了给他的"收割者"项目造势，竟联合许多恐怖组织、反政府武装和国际犯罪集团等黑暗势力。作为国际防务集团的总裁，艾尔托德很清楚这已经跨越了法律和道德的红线，但为了利益，看到那些疯狂的潜在客户，他已经顾不了这么多了。

现在突然出现的意外状况，实在让他抓狂。

"艾尔托德先生，'收割者'今天早上突然主动与目标进行了近距离接触，而且在不久之后突然失去了联系，我们现在暂时找不到它了。"助理一边汇报，一边用眼角余光偷偷留意艾尔托德的脸色。上次就有人因为汇报了让总裁不高兴的事被开除了，他可不想丢掉待遇如此优厚的工作。

艾尔托德沉思了一会儿，刚准备说话，一个语音通话打了进来。

"你好，艾尔托德先生……"一个声调不高但充满压迫力的声音传了出来，助手一听就皱起了眉头，这是那位独眼人强尼先生，"你那个小宠物的计划进行得如何了？我听说好像出了点儿小问题。"

这个老狐狸，果然在集团里安插了眼线！艾尔托德心里很不爽，但这位独眼人强尼，是出了名的心狠手辣，他不得不笑着说："强尼先生请放

心，您的消息也许不太准确，一切都在集团的掌控之中，您无须过分忧虑。我们很快就能顺利完成这次测试。"

独眼人强尼似乎对艾尔托德的说辞非常满意，哈哈大笑说："艾尔托德先生，你可要看紧些，大家都投了不少钱进去。最终我们希望能得到一个满意的超级武器，你可别在最后阶段出什么差错，这个后果你可能承受不起啊。不过，我个人还是很放心的，你办事的能力我信得过，哈哈哈……"

语音挂断后，艾尔托德的笑容立刻消失，呆呆地出神了好一会儿，突然狠狠一巴掌拍在办公桌上，咬牙切齿地吼道："浑蛋！究竟是怎么回事？之前送那么多人过去都顺顺利利，这次不过是几个小孩子，怎么会出现这么严重的纰漏？！"这个问题太难回答了，办公室里的众人都噤若寒蝉，没人敢接口。

好一会儿，艾尔托德才稍稍平复，语气生硬地下达指令："立刻修复与'收割者'的联系，查

明它违反指令的原因，必要时强行介入，控制它的思维。通知时空快车立刻向时空管理总局递交开启虫洞的申请，同时通知杰森小队马上集结，做好出发前的准备。一旦与'收割者'建立联系失败，就让他们出发去侏罗纪，把那只不听话的恐龙给我捉回来！"

助理在一旁看着总裁阴沉沉的脸，偷偷咽了咽唾沫，心里暗自做出决定：基因工程部主任那个信息还是暂时先捂住好了，不然直接撞枪口上饭碗肯定保不住了，还是等总裁心情好些再汇报吧。

1.5亿年前的侏罗纪，笼罩大湖的晨雾早已散去，天空像水洗过般瓦蓝。烈日当空，强烈的紫外线透过大气层投射在这片蛮荒大地上。几个人直接暴露在阳光下，皮肤有阵阵火辣辣的烧灼感。

山海小学的几位小学生现在有点犯难了，他们需要认真考虑该如何继续这次抽奖得来的幸运旅行了。

　　古伟四周看了看，附近除了已经倒下的那只梁龙的尸体，以及尸体上正在享用免费大餐的大小恐龙们，其他几只梁龙早已逃得不见了踪影，他们跟踪梁龙的科考计划看来是泡汤了。

　　"气死了，我才刚刚进入状态呢，它们就丢下我们跑了。"阿洛懊恼地抓了抓头发。突然他眼光扫到身边正出神的拉面，眼睛一亮，说道："古伟，要不我们改改计划，跟拉面的老祖母生活两天如何？说不定另有收获呢！"

　　其实阿洛不说，古伟也动过这个念头，只不过这必须要征求拉面的意见。

　　拉面正安静地想心事，听到小伙伴提到自己的名字，回过神来就发现几个人正目光灼灼地看着自己。通过拉面与祖母暴龙首领的亲密关系融入它们群体，能零距离跟祖母暴龙族群一起生活两天，为古生物学家了解祖母暴龙这一神秘的物种获得珍贵的第一手资料，这对古伟他们来说，

侏罗纪的巨人

简直是天大的机缘。

"我没意见，不过要跟老祖母商量一下。"拉面一口答应下来。在它心里，小伙伴们也是它的亲人。

拉面转身朝着老祖母跑去，却被古伟眼疾手快给拉住了。

"拉面，你要小心，随时与我们保持联系，感觉不对立刻回来。"古伟叮嘱一番，毕竟这里是侏罗纪，祖母暴龙族群也不是拉面的原生族群，一切都充满了未知。

拉面扭过头来看着古伟，一脸自信地回答："放心好了。别忘记你刚见到我的时候，我可是那里的统治者！"

小伙伴们看着拉面向祖母暴龙走去，有些忐忑不安，毕竟这里不是它的地盘。

"我们只能在这里等吗？"阿洛眼巴巴地看着古伟问道。

古伟还没回答，蟠猫突然插话说："我感觉到有危险的动物在靠近，此地不宜久留。"

　　"看来你已经感应到了。"古伟微笑着对蟠猫点了点头，继续对阿洛解释说，"肉食性的恐龙其实跟我们熟悉的狮子和鬣狗等非洲掠食性动物一样，虽然会自己捕食，但假如有免费大餐又不用自己出力，为什么不吃呢？因此它们的鼻子特别灵敏，像拉面它们这些特暴龙，10千米外就能闻到腐肉的气味。现在气温升高，梁龙肉腐败得更快，气味能传出去很远，那些大家伙不过来吃白食才怪。我们先回营地，那边会比较安全一些。"

　　湖边密林中传来一阵急响，高大挺拔的松柏"哗啦"一下分开，几只庞然大物突然冲了出来，扑向梁龙尸体，把在上面吃得正欢的小恐龙们吓得四散奔逃。本来快乐和谐的聚餐，顿时乱作一团。

　　古伟几个连忙蹲下身躲好，还不忘留意拉面那边的情况，看到它跟随着祖母暴龙群闪到一边，

这才放下心来。

"这是角鼻龙吗？"阿洛经过一段时间的学习，已经认识不少恐龙，只是活恐龙见得少，不敢十分确定。

古伟点头回答："完全正确。没想到是它们先来，这些家伙在侏罗纪荒原食物链中的位置大致相当于非洲的鬣狗。"

角鼻龙，顾名思义，它的鼻子上方长了一只短角，在两只眼睛上方也各长了一个较小的角，外貌特征非常明显。它们体长约有 6 米，身高近 3 米，体重 1 吨多，虽然在侏罗纪算不上顶级的捕食者，但对人类而言已经是庞然大物了。

作为一种典型的兽脚类恐龙，角鼻龙头部大，前肢短，后肢粗壮，尾巴长。它尾巴的长度将近占身长的一半，但相当灵活。这些特征非常有利于角鼻龙捕获猎物。

现在，角鼻龙一点儿都没有先来后到的觉悟，它们张着长满弯曲锋利牙齿的大嘴，发出威吓性的吼叫。它们挥舞着短而强壮的前肢上的四根锋利爪子，驱赶梁龙尸体上的各种小恐龙，好让自己能占据一个好的进食位置。

角鼻龙的加入，使得祖母暴龙、美颌龙、近鸟龙，都不得不暂时退到一旁。

几只角鼻龙从梁龙胸腔肉最厚的位置开吃。祖母暴龙和美颌龙围着梁龙尸体转了几圈，见形势稳定了下来，也纷纷重新上前，在梁龙长尾巴和长脖子两端远离角鼻龙的地方撕扯起来。角鼻龙吃得很开心，就懒得再去管其他恐龙了。

聚餐现场又重新恢复了秩序。

阿洛从没见过这样的场景，看得目瞪口呆。阿虎连着用力拉了他几次，他才依依不舍地跟着离开了。

回到营地后，几个小伙伴各自分工把营地收拾好。阿虎解开拖上来的那辆车，把电动绞盘收起，房车也重新牢固地挂在越野车拖挂钩上。一切准备就绪，阿虎把车开到隐蔽的位置，等待拉

面回来。

"大家多加小心，不要随便下车，做好应急准备。我们身处湖边，风从湖面吹来，这里就是上风位置。那么一大堆肉在那儿，角鼻龙这种中型肉食性恐龙也出现了，说不定还会有更大的家伙被吸引过来。"古伟在车里吩咐大家。其实这话主要针对阿洛，这几个人当中就数他最不让人省心。阿洛玩心太重，不得不先给他打打预防针。

古伟不愧是对恐龙了如指掌的古生物专家，果然，没过多久，他的预言就成为现实。

蟠猫首先紧张起来，她感应危险正在迅速靠近。紧接着，在角鼻龙出现的同一个地方，一只比角鼻龙体形更大、更强壮的肉食性恐龙冲了出来，张开血盆大口直取距离它最近的一只角鼻龙。

角鼻龙们吃得正高兴，完全忘记了侏罗纪荒野的生存法则——时刻对四周保持警觉，就算在吃饭、睡觉的时候也不能有一刻掉以轻心。被盯上的角鼻龙还没来得及做出反应，就被突然出现的恐龙一口咬住脖子，甩到了半空中。

这极其凶猛的恐龙就是侏罗纪大地的王者——异特龙。在它的地盘，没有任何恐龙敢忽视它。

异特龙体长 10 米多，体重超过 3 吨，比角鼻龙几乎大了一倍。其实，光以体形来说，异特龙并不是肉食性恐龙中最大的，同时期的南方巨兽龙就比它大，但它却拥有更适合捕猎的身体结构。

异特龙前肢粗壮，上面长着 3 根利爪，能毫不费力地撕开猎物。它高大强壮的后肢极其有力，使它有更强大的行动力。那根粗壮的大长尾还能当鞭子用，无论是打斗还是捕猎，都能派上用场。特别不容小觑的是，它血盆大口中那 70 颗边缘带锯齿、向后弯曲、如匕首般锋利的牙齿，这些牙齿能轻松把猎物撕成碎片。异物龙简直就是武装到了牙齿的猎杀机器。

只一口，被咬到的角鼻龙已经鲜血迸射。从空中摔下来后，角鼻龙的脖子和身体扭曲成一个

奇怪的角度，躺在地上"呼呼"喘气，四肢轻微
地抽搐，怕是活不成了。

剩下的几只角鼻龙虽然齐刷刷把身体俯下，
大嘴发出嗷嗷的低吼声，并做出威胁恐吓的姿态，
但它们也只能慢慢往后退。它们很清楚形势，知
道不能跟异特龙正面冲突。

异特龙大踏步走上前张开大嘴自顾自开吃，
根本没把角鼻龙放在眼里。其他被刚才的杀戮惊
得四散逃开的小恐龙们，很快又再次围拢上来，
聚餐秩序又一次恢复了。

越野车中的几个小伙伴被这场面惊得说不出
话来。蟠猫一双本来就很大的眼睛瞪得更大了，
一眨不眨地紧紧盯着。阿洛紧握的双拳满是汗水，
嘴唇不停颤抖却一个字都说不出来。古伟虽然不
是第一次看到恐龙相互厮杀，但如此近的距离，
还是令他无比震撼。此时最镇定的是阿虎，他
操控越野车开始倒车，以便和聚餐现场保持安全
距离。

　　幸亏拉面曾经经历过无数的厮杀，聪明的它隐藏在祖母暴龙族群里，因此安全不成问题。

　　现在小伙伴们都期待着拉面能给他们带来好消息。如果真能跟着祖母暴龙族群一起生活两天，那真的是不虚此行了。

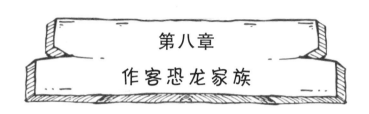

第八章
作客恐龙家族

古伟几人坐在越野车上，一边等消息，一边观察着眼前这些恐龙们。阿洛在经历了对血腥场面的极度不适后，现在看着梁龙尸体在大小恐龙的撕咬下血肉横飞，也不再像之前那样反胃作呕了。

古伟看得津津有味。野外科考一个重要的任务，就是通过观察动物的各种行为来对它们进行系统的研究。这种大聚餐式的群体狂欢，正好提供给古伟一个绝佳的机会，能一次了解多种恐龙在生态链条上所处的位置。

　　作为军人，阿虎见过的血腥场面更多，眼前的场景没有过多影响他的情绪。阿虎一句话没说，他把主要精力放在对四周情况的观察上了。

　　几人中收获最大的是蟠猫，从她满脸的兴奋就能看得出来。梁龙尸体把附近的大小食肉恐龙都吸引了过来，对一直试图跟本地"土著"建立联系的蟠猫来说，这正是最好的机会。

　　不过"土著"们很是小心谨慎，对待陌生来客警觉性极高，蟠猫发出的交流请求大多没有回音。在经过多次尝试后，她终于跟其中的几只恐龙建立了脑电波交流。虽然只是非常简单的打招呼，但已经是一个非常好的开端，能为之后与其他恐龙建立联系积累宝贵的经验。

　　时间过得很快，转眼间太阳迈过了天空的正中央，开始往另一边倾斜。虽然正午已过，但大地吸收了一上午的热量，气温比起正午不降反升。还好越野车内设备齐全，几个小伙伴在车里吹着

空调各忙各的，只是拉面一直没有消息。

"老祖母同意我们和族群一起生活两天……"脑海中陡然响起的声音格外令人兴奋，小伙伴们同时爆发出欢呼声。太好了，这两天肯定会过得非常有意思！

阿虎突然笑容一收，右手猛地举起，车内就像突然被按了暂停键似的，所有声音都瞬间消失了。

一静下来，大家立刻感觉到了异常。坐在车里都能感觉到地面传来的阵阵颤动。这么大的动静，应该是有什么成群结队的巨型动物正在靠近。

几个小伙伴互相对视着，摇头苦笑起来。

本来只是想免费过个假期，结果"惊喜"是一波接一波……

一只只身长大约7米、身高2米左右的庞然大物接连出现。它们四肢着地，前肢相对于强壮的后肢要短小一些，跟剑龙一样，它们身体的最高点在臀部的位置。

这是弯龙，一种在侏罗纪时期数量巨大、很常见的恐龙。

弯龙因弯曲的腿骨而得名，它们用像鹦鹉一样坚硬的喙状嘴啃吃苏铁等低矮植物，偶尔也会双腿站立，用前肢的指爪去够高处的植物吃。弯龙头很小，是一种动作笨拙、反应迟缓的恐龙。游荡在侏罗纪大地上的巨型而凶猛的肉食性恐龙，例如异特龙、角鼻龙等都是它的天敌。弯龙既没有尖牙利爪，又没有厚甲尖刺，跑起来也不过勉强能到时速 25 千米，因此它们只能靠庞大的数量来抵挡肉食性恐龙的捕食。

透过车窗玻璃，古伟几人看到一大群弯龙如一座座移动的小山般走来。炎热的天气令弯龙们口渴难忍，它们迈着沉重的脚步，不时抬头嗷嗷地吼几声招呼同伴，直直向着大湖而来。

古伟他们的越野车，恰好横在了弯龙去大湖的路上。

"蟠猫，你能不能跟它们建立联系，让它们绕开咱们的车呢？"古伟问道。

见古伟、阿虎和阿洛三人都把目光投向自己，蟠猫苦笑着耸了耸肩膀，摇着头说："别指望我了，我昨晚尝试跟与弯龙相似的剑龙沟通，脑电波发

过去后没有任何回应。这种比较笨拙的恐龙恐怕是很难沟通的。"

眼看弯龙群低着头越走越近，全然没有要绕开的意思，古伟说："我们还是绕回之前那棵大树后藏好吧。弯龙虽然笨，但也知道要避开有异特龙出没的地方。"

大家仔细观察，果然如古伟所说，弯龙群走了一个"了"字形，刻意绕开了梁龙大餐的现场。弯龙与异特龙这些凶猛的天敌共存了这么多年，早已摸准了它们的脾性。现在异特龙和角鼻龙正忙着大吃大喝呢，没空理会它们这些过路的，只要不主动冲过去，基本上是安全的。

阿虎赶忙操控越野车拖着房车朝之前躲藏的大树后驶去，车子刚刚离开，那群弯龙就"嗷嗷"叫着走了过去。

几百只弯龙，浩浩荡荡地穿过蕨丛直奔大湖而去。它们实在太渴了，推推搡搡地挤占喝水的位置，不少先到达的被后面的推到了湖里。湖底的淤泥层非常深，弯龙重达 1 吨的体重踩在上面，很容易陷进去。

一直把头埋在梁龙尸体胸腔内的异特龙抬起头，长满弯曲大牙的嘴叼着一大块内脏，满头满脸的血令它看起来格外狰狞。它扬起头，大嘴巴张合了几下，就把食物吞进肚子去了。吃饱后的异特龙四周看了看，嘴里呼呼地喷了几口气，长尾一甩转身离开，庞大的身影很快就消失在密林深处。

异特龙一走，角鼻龙又重新占据了最好的部位，把皮肉一块块从梁龙尸体上撕扯下来。

近鸟龙和美颌龙知道角鼻龙现在忙着大吃特吃，大摇大摆地在角鼻龙身边到处乱走，甚至当着角鼻龙的面去撕咬那只被异特龙咬死的角鼻龙的尸体。

相对而言，祖母暴龙们则低调很多。它们尽量与角鼻龙拉开距离，只围在梁龙尸体两端进食。拉面一直跟在祖母暴龙首领身边，与它保持着

交流。

事实证明，祖母暴龙智商更高，近鸟龙和美颌龙肆无忌惮的行为最终惹恼了角鼻龙。

几只角鼻龙悄悄离开梁龙尸体，放轻了脚步，对围着角鼻龙尸体吃得不亦乐乎的几十只美颌龙和近鸟龙形成包围之势，然后同时猛扑上前。全神贯注进食的小恐龙们冷不丁被偷袭，惊恐地尖叫着四散飞逃，但仍有几只逃避不及被扑倒，沦为了角鼻龙的零食。

经历了一波接一波各种恐龙的分食，梁龙肉大聚餐终于到了落幕的时候。

日暮西斜，晚霞把天际染得通红。湖面上微风吹拂，略带凉意。湖边空地上，庞大的梁龙尸体只剩下零星的鳞状皮肤包裹着的嶙峋的骨架。

梁龙尸体的体量巨大，足以承担起一个小型的生态圈。它的血流了一地，鲜血渗进泥土中，早已干涸成了酱黑色。鲜血吸引了附近的昆虫，这里又成了各种昆虫的乐园。

梁龙尸体的大多数内脏和肉都已经被啃食殆尽，但仍有很多小恐龙在不懈努力地撕咬着，尽力从梁龙骨架上再剔出一些肉来。对于这些小恐龙来说，这些零零碎碎也足够它们饱餐一顿了。

拉面跟着祖母暴龙族群早就已经吃得饱饱的。古伟几人为了能跟它们一起回到聚居点，只能把车停在林子边上藏好，然后背上背囊徒步进入密林。

天色已经黑下来了，月色如水，可是树木密密麻麻的枝叶，几乎把大部分的光线都隔绝在了外面。零星的月光透射下来，照在地表上的各类蕨类植物上，形成散碎的光斑，在一片黑暗混沌的环境中透出魔幻的色彩。

作为人类的古伟、阿虎和阿洛，视力比祖母暴龙差很多，在黑暗的林子里几乎成了盲人。每

人头顶上的强光头灯，也只能照亮面前几米的地方，稍远一点就彻底看不清了。几个小伙伴只能紧紧盯着拉面那根又大又粗的尾巴，深一脚浅一脚地前行。

再看蟠猫，她脚步轻快，如履平地，似乎任何凸起或者坑洼，都瞒不过她敏锐的感知器官。

跌跌撞撞走了不知道多久，前方传来"嘎嘎嘎"几声短促高亢的叫声，声音中透着欢快和喜悦。

"到了，就在前面！"拉面的声音也透着兴奋，毕竟要见到一群祖先，心情好是能理解的。别说拉面，就算是古伟几人，听到马上就到目的地了，心里也是充满期待：一是为能亲身见识祖母暴龙族群的聚居地而感到高兴，二是总算可以休息了。

祖母暴龙的聚居地是一处洼地，三面都是凸起的岩石，岩石上密密麻麻的蕨类植物把巢穴遮盖得严严实实。这里面积不小，30多只祖母暴龙聚居在此也不显得拥挤，只是现在多了体形更大一点的拉面和四个人，就显得有点小了。

外出觅食回来的祖母暴龙纷纷奔向自己的龙窝。幼崽们早已饿得发慌，都张大了嘴喳喳喳喳地呼唤着。祖母暴龙们来到各自孩子跟前，张大嘴巴，让孩子把头伸进自己的喉咙，刺激咽喉以便把一部分食物吐出来。这一幕把古伟吸引住了，这可是典型的现代鸟类给幼鸟喂食的方式啊。

阿洛没管太多，他现在是又累又饿，用头灯照了照周围，看到一处平坦且长满厚厚蕨类植物的地方，赶紧走过去一屁股坐下。"不行，太饿了，我得先吃点东西再说……"他边说边解下背囊，翻出能量棒猛咬几口。

接连吃了三根半，阿洛才算解除了饥饿危机。他正打算伸个懒腰，扭头发现身边站着一只祖母暴龙，正好奇地打量着他手里剩下的半根能量棒。

阿洛随手把能量棒递到祖母暴龙嘴边，嘴里

还鼓励着："来来来，尝尝这来自 1.5 亿年后的美味，我这儿还多着呢……"

蟠猫刚准备在他身边坐下，见状后一个箭步上前，劈手夺过能量棒，盯着阿洛气鼓鼓地质问："你干什么？想害死它吗？"

"什么？这……这会害死恐龙的吗？我……我不知道啊……"阿洛被骂得摸不着头脑，目瞪口呆地看着蟠猫。

古伟走了过来，拍着阿洛的肩膀严肃地说："阿洛，我们来到侏罗纪，千万要注意，不能随心所欲想做什么就做什么。就像这个能量棒，里面含有咖啡因，恐龙的消化系统不能有效代谢这种物质。恐龙吃了会中毒，轻则呕吐、腹泻，严重的甚至会影响神经系统，产生癫痫性痉挛、内出血等，甚至死亡。"

"啊？这么严重啊！"阿洛越听越后怕，满额头都是冷汗。

蟠猫"哼"了一声扭头走开，古伟则乘机开

导阿洛："我知道你是无意的，并不是想要伤害它们。可是你如果真想成为一名古生物学家，就要努力学习更多的知识，学会控制自己的行为，知道什么该做，什么不该做。"

第九章
真相大白

　　夜深了，祖母暴龙们都睡着了。它们蜷缩在用干树枝做支撑、四周和底部铺满蓬松干燥的蕨类植物的温暖龙窝中，头对着头依偎在一起。它们把修长的前肢收折在胸口，头埋在长满绒毛的前肢下，整个身体蜷成一个蛋型，跟现在很多鸟类的睡觉姿势很像。

　　龙窝最里面睡的是古伟几人。他们今天过得实在是太充实太刺激了，现在早已疲惫不堪，各自找了个平坦舒服的地方，铺开睡袋钻进去，还没互道"晚安"就已沉沉睡去。

今天是几个小学生侏罗纪旅程的第二天，细数一数，他们还真是经历了不少事情呢。一大早把沉在湖里的越野车拖上岸，然后新种的肉食性恐龙突然出现，猎杀了他们的考察对象梁龙。看了一天血肉模糊的恐龙大聚餐后，他们跟着祖母暴龙，在完全没有路的密林中穿行，身体都快散架了。

下午的天色有些阴沉，国际防务集团大厦顶层的总裁办公室里，气氛也跟外面的天气一样压抑。艾尔托德坐在靠椅上，脑子里一片混乱。事情的发展似乎已经彻底脱离了他的计划，向着最不可控的方向发展。

他的助理，哦不，是前助理，刚刚汇报给他的，有关基因工程部主任的重要信息——因为助理的擅自瞒报，令艾尔托德晚了整整一天才收到信息，导致他对当时的形势产生了严重的误

判——那几个小孩是带着一只小特暴龙宠物一起去了侏罗纪。

刚一得到这个信息，艾尔托德就指着助理的鼻子狂吼，立刻让他收拾东西走人。

艾尔托德非常清楚，基因工程部在进行"收割者"项目的时候，所用的基础母体正是暴龙。而根据基因工程部主任分析："收割者"出现异常，很大原因可能是在这只小特暴龙身上。"收割者"与小特暴龙的基因存在一定程度的同源关系，发生交流的概率大增，导致"收割者"突然失去控制就不难解释了。

本来已经安排好由他最信任的杰森——一位精锐特种兵部队退役军官，率领应急处置小队，中午出发赶赴侏罗纪恢复与"收割者"的联系。结果他们临出发前发现，他们的时空穿梭权限申请被人取消了！

经查实，居然是被开除的助理捣的鬼。原来，那位助理被开除后气愤不已，他走出总裁办公室后，立马就找了个没人的工位开启通知程序，用专属的身份识别码登入时空管理总局管理的在线申请系统，取消了开启虫洞的申请。

于是，时空快车的人左等右等没接到使用授权，后来去时空管理总局咨询，才知道出了这样的事情。

艾尔托德气得七窍生烟，发誓要那个家伙付出沉重代价。可摆在他面前最严重而急迫的问题是——紧急处置小队去不了侏罗纪了。

重新递交申请需要时间，流程审批也需要时间，把所有程序走完，那几个小孩子也该回来了，怎么办？

艾尔托德可不想坐以待毙，到了紧急关头，为了自己的利益，他什么都做得出来。他一咬牙当机立断，下令时空快车立刻准备好，趁着现在时空管理总局那边还是凌晨，赶快强行开启虫洞，把紧急处置小队送到侏罗纪。

艾尔托德很清楚，一旦私自强行开启虫洞，

时空管理总局必然会马上监测到，到时候执法单位找上门来可不是闹着玩的。不过"收割者"项目事关重大，绝对不能有丝毫闪失，只能铤而走险了。

艾尔托德这次的冒险行为，彻底让他一败涂地。

凌晨的夜空，月色黯淡，从空中俯瞰，飞碟形的时空管理总局大楼在黑沉沉的夜幕中，像一只沉睡的巨大螃蟹，纹丝不动地趴着。各个楼层依然有不少房间亮着灯。

时空监测部门，几张巨大的屏幕上，投射着世界各国的政区图。图上每个国家都有数目不等、不同颜色光点的标记，在忽明忽暗地闪动。那是全球各地合法登记的虫洞具体位置，蓝色光点代表处于空闲状态的虫洞，绿色光点则是已经开启传送的虫洞。

根据《时空穿梭管理法》，虫洞开启传送后，必须等穿梭过去的人返回后，才能算一次完整的使用流程。单向穿梭过去而不返回，或者还没回来之前又再次开启传送，都是严重的犯罪行为。

AR 的屏显亮光此起彼伏地跳动着，负责夜班监控的工作人员小于像往常一样，全神贯注盯着投屏。她在这个岗位工作已经有一段时间了，知道凌晨往往是非法使用虫洞的犯罪高发时段。

果然，西半球一个原本绿色的光点突然变成红色，她头上戴的耳机中也随即响起了警报，有人违规私自开启了虫洞！

小于一下子警觉起来，她立刻把红点的地区图选中放大，标注出具体坐标位置后，马上查看这个虫洞所属企业和使用权限。

眼手忙个不停，小于也同时通过语音向上级报告突发情况。一分钟不到，时空管理总局紧急处理部门的几个相关负责人相继上线，他们开启视频会议，听取小于的汇报。

"监测部监测员编号 TW-CN20150205，于

北京时间凌晨 4 点 22 分，检测到位于北纬 40°42′51″、西经 74°0′21″ 的虫洞发生了一次时空穿梭行为。通过资料对照发现，该虫洞属于国际时空旅行集团，即时空快车所有。同时经核查，本次时空穿梭行为未申请使用权限，系统判定为非法行为，报告完毕。"小于一边查看资料一边汇报情况，清脆的嗓音在办公室中回荡。

事件非同寻常，一家合法经营的跨国企业，竟然未经授权就非法开启虫洞，这是很少见的事情。

他们为何不走申请流程合法取得使用权限？穿越虫洞的又是什么人……一系列问题摆在了时空管理总局相关负责人的面前。

就在时空管理总局的高层决定马上召开紧急会议的时候，时空快车集团却发来了公函。内容很简单，说是某个被解雇的管理层员工为了泄愤，利用还未来得及被收回的职权，私自开启了虫洞，故意陷害集团公司和领导。集团安保已经把此人当场制服，随时可以解送到时空管理总局配合调查。

局长把时空快车集团的公函投射到大屏幕上，回过头来问道："大家怎么看？"

监测部的负责人是一位不苟言笑的中年人，他紧皱着眉头回答："无论怎么解释，我们都不能只听一面之词，调查小组已经在飞机上了，看了调查结果后再说吧。"

这时，会议室门被推开，ATS的部长汉源走了进来。

说到执法部门的领导，好多人的脑海中立刻就会浮现出一个一脸严肃的铮铮铁汉的形象。不过这位阿虎队长的顶头上司，却是一位温和的中年人。

他走进来坐下没说话，把手头上的一份资料投射到屏幕上。在座所有人的目光都不由自主地被吸引了过去。看过后，大家都不禁莞尔，连最严肃的监测部部长，也哑然失笑。

汉源指着屏幕说："根据我们了解，时空快车集团以成立五十周年的名义，在一个月内连续搞了四次全球抽奖活动，奖品是免费的三天两夜侏罗纪旅行。最后一次的抽奖结果大家都看到了，去旅行的几位都是大家的老熟人。"

局长摇着头笑道："这几个小家伙，居然瞒着我们跑去侏罗纪旅行，还顺带拐跑了我们总局的两个宝贝！"

本来严肃的紧急会议，现在却突然充满了欢声笑语，时空管理总局的领导们真是难得有这么欢乐的时刻。

大家笑了一阵，汉源部长脸色端正起来，重新展示出一批资料，继续讲解道："时空快车前三次抽奖把若干名普通民众送去侏罗纪旅游，但所有去的人都没有回来。真实的消息被人花了大笔金钱捂住了，因此外界没有传出一丝风声。根据我们得到的情报显示，时空快车最大的股东是国际防务集团，他们开发了一种名叫'收割者'的生物武器项目，这种生物武器极有可能是基因改造工程培养出来的一种凶猛的恐龙。此前，该集团利用发放高额佣金的手段，蒙骗一些雇佣兵去做他们的试验品。我们推测，他们以全球大抽奖为幌子，实则是为了给他们在侏罗纪的生物武器送试验品。"

"这么说来，几个小家伙有危险了！"局长不禁担心起来。

汉源点了点头："的确是有危险，不过好在有阿虎，以他的能力应该能应付。但我们还是需要立刻派出支援，凌晨的突发事件很可能是该集团又增派了人手过去。"

"即刻出发！"会议一致决定立刻由汉源部长组织人手，赶往侏罗纪执行营救任务。

侏罗纪的清晨，凉风习习，晨露挂满了荒原上每一棵植物的枝叶。长满参天松柏的密林中，一种长着翼膜的奇怪小恐龙——奇翼龙鸣叫着，

在横七竖八的树枝间灵巧地穿梭飞翔。

一群灵龙在祖母暴龙聚居地不远处飞奔而过。它们虽然也在祖母暴龙的"食谱"上，但在天敌还没睡醒之前偷偷溜过去，应该还是安全的。灵龙们一早就在为食物奔波了，虽然它们是植食性恐龙，但偶尔也会吃些昆虫换换口味。

阿洛伸了个大大的懒腰后，坐了起来，见到身边的植物都是湿答答的，他赶紧摸了摸睡袋和身上。还好，依然干爽。高科技的防水涂层睡袋就是不一样，无论外面湿成什么样子，保温内衬依然温暖干燥。

"赶紧起来了，祖母暴龙要去巡视地盘，我们也跟着去看看。"耳边响起古伟的催促，阿洛赶忙往四周看了看，发现自己是几人当中最后一个起床的。

祖母暴龙们有的在用长满利齿的长嘴整理身上的羽毛，有的已经出去觅食了，龙窝里只剩下毛茸茸的小恐龙依然在酣睡。

　　族群的女首领，也就是拉面的老祖母，领着几只年轻的祖母暴龙，正精神抖擞地准备出发去巡视地盘。它目光炯炯地看着眼前忙着整理行囊的几只"两脚兽"，不明白跟它一样是两只脚走路的动物，为什么会这么磨蹭，如果不是答应了拉面带他们看一看，它们早都已经出发了。

　　"老祖母问你们好了没有，还要等多久？"拉面的声音冷不丁在几个小伙伴的脑海中响起。古伟几人听那语气似乎有点阴阳怪气，不约而同地看向站在老祖母身边的拉面。这家伙看着虽然还是那张恐龙脸，可怎么老觉得它一副狐假虎威的样子。

　　蟠猫一起床就与老祖母建立了脑电波联系，一直跟在它身后进进出出。在祖母暴龙族群里的时间只剩下一天，蟠猫想抓紧时间多了解族群的情况，以及侏罗纪与白垩纪的差别。

　　等到阿洛手忙脚乱地收好睡袋，背好行囊，老祖母的耐心已经消耗殆尽了。它仰头喔喔喔地

短促鸣叫几声，召唤其他几只年轻的祖母暴龙，迈开长腿出发了。

祖母暴龙全速奔跑起来，时速至少达到 60 千米，人类靠两条腿是绝对追不上的。它们在侏罗纪长满蕨类植物的空隙间穿梭腾挪，如履平地，古伟几人望尘莫及。幸好老祖母今天心情还算不错，只是小跑着，走一段就停一停，等待几个缓慢挪动的"两脚兽"。它不时通过留下粪便、尿液和体味等手段，划定和巩固自己的领地边界，防止其他族群越界。

对于祖母暴龙的圈地行为，角鼻龙、异特龙这些更占优势的猎食者是毫不在意的，但其他祖母暴龙族群以及处于食物链下游的动物们还是会很小心的。

巡逻小队走走停停，前方一直跟在老祖母身边的拉面突然传话回来："大家小心，老祖母发现有跟你们一样的动物正在靠近！"

"跟我们一样的动物？难道还有其他人类？"

古伟几人心头一紧，立刻停下脚步，赶紧就近隐藏到茂密的苏铁丛里去。苏铁浓密的枝叶混杂着蕨类植物，把他们遮得严严实实，除非是直接撞到身上，否则根本看不出一丝痕迹。

"我看到他们了，总共有 8 个人，手里都有武器，不是 ATS 的人。"阿虎从背囊中掏出一个小小的望远镜仔细观察，很快就有了发现。

古伟接过望远镜，透过茂密蕨类植物的羊齿状枝叶缝隙，果然见到几个穿着丛林迷彩服的人，正一边看着手里的仪器，一边根据地面痕迹急急忙忙地赶路，似乎在追踪什么。

这一队人非常专心，全神贯注地赶路，全然没发觉自己已经暴露了。不过他们麻痹大意也属正常，因为没谁会把几个来旅游的小孩子放在眼里。他们更加不会料到，这几个小孩子居然跟这里的"土著"在一起。

第十章
王者之战

　　这些人正是艾尔托德派出的紧急处置小队，走在小队后面的是队长杰森，一位具有丰富作战经验的前特种兵。作为艾尔托德最忠心和最得力的部下，他为公司解决了无数棘手的难题，被称为"集团最锋利的刀"。

　　在杰森制订的行动计划中，首要任务就是找到"收割者"的具体位置，然后把它带回现代，交给集团的专业人士进行修复。至于"收割者"的目标人物，他认为不过就是几个来免费旅游的

小孩子。杰森在行动计划的最后一点提到，这几个小孩子见过"收割者"，绝对不能让他们活着离开。

这时候，队伍里最擅长追踪的队员已经通过各种手段，分析出了"收割者"的行动轨迹。现在紧急处置小队开始加速前行，想在最短的时间内找到"收割者"。

由于他们求胜心切又自恃能力过人，他们完全不把四周被他们惊动的大小恐龙放在眼里，一心想要尽快完成任务。

在他们身后不远处，一群祖母暴龙以外松内紧的队形，正紧随其后。

蟠猫此时显示出了超常的能力。她的体力和速度令普通人类望尘莫及，她能紧随老祖母的速度与它一起飞奔。

古伟几人远远落在后面，不过还好有拉面留下跟着他们，以保持与老祖母和蟠猫的脑电波交流，随时调整前进方向以确保他们不会跟丢。

前方的祖母暴龙群突然放慢了脚步，并且传来信息让大家注意隐藏行踪。

阿虎看了看四周，挑选了一个地势稍高的地方，几人迅速隐藏在下面。古伟和阿洛经过刚才高强度的急行军，已经胸闷气短，他俩大口地喘着粗气，几近虚脱了。

"那些人现在分散开了，似乎已经找到了目标。"老祖母的消息通过拉面传递给了古伟他们。

古伟向阿虎要来望远镜仔细观察，透过高清晰度的目镜，远处这群人的一举一动清晰地映入眼帘。只见这些人散开呈扇形的半包围圈，小心翼翼地慢慢往前围拢。他们包围圈的中心点，就是那只被阿洛命名为"迅猛棘暴龙"的肉食性恐龙！

"果然，这些人的目的，跟这只混种恐龙有关。这只恐龙绝对是人工干预下的基因工程产物。"古伟这个时候已经非常肯定了。虽然还不知

道幕后主使是谁，但这只恐龙应该是出了什么问题，这些人是来处理问题的。

幸好古伟还不知道，这只倾注了国际防务集团总裁艾尔托德无数心血的肉食性恐龙"收割者"，原本的猎杀目标就是他们这几个小学生。通过捕杀梁龙那迅捷的动作，很容易分析出，这只恐龙绝对是他考察过的所有肉食性恐龙中猎杀能力最强的一种。

杰森当然知道"收割者"这次的任务是什么。其实他之前也想不通，为什么老板会答应独眼人强尼这种看似无理的要求？在了解过详情后他才知道，强尼果然是眼光独到。因为当初设计"收割者"的时候，为了让它拥有更强的有针对性的攻击能力，特意让它具备了感知目标对它的恐惧感和敌意的能力，敌意越强烈越能激发"收割者"的杀戮本能。

这种被艾尔托德引以为傲的独特设计，独

眼人强尼并不喜欢。强尼为了利益和金钱，必须让艾尔托德证明"收割者"可以按照设定好的目标进行攻击，而不是只针对对它有敌意的目标。

万万没想到，在试验的最后阶段出了问题。先天血脉中对祖先的亲近感，令"收割者"与祖母暴龙产生了共鸣，甚至还建立了交流。而小特暴龙拉面作为祖母暴龙的后裔，与"收割者"算得上是同宗同源，所以尽管它们之间没有直接建立联系，但"血浓于水"同样适用于恐龙。"收割者"并不愿意对拉面下手，同样因为拉面而对它的同伴也放弃了行动。

这就是为什么艾尔托德的"收割者"会违背指令提前露面，因为它感应到了拉面的存在。艾尔托德的完美计划，因为这只小特暴龙全面失控了。

杰森小队穿梭时空来到侏罗纪，正是为了挽救这个计划，可惜他们并不知道真正的原因。

作为一个经验丰富的丛林作战高手，杰森早就察觉到被一群恐龙跟踪了。只不过他没把这些体长只有 1 米多的恐龙放在心上。在杰森看来，这些恐龙多半是以为跟着他能捡到免费的午餐，所以对它们并没有什么特别的防备。

杰森现在所有注意力都放在他前方 20 多米处的那只巨型肉食性恐龙身上，它就是"收割者"。

"收割者"此刻没空理会这些人类，它正为争夺领地跟一只异特龙对峙。稍作分辨就能发现，这只异特龙正是昨天驱赶角鼻龙、霸占梁龙尸体的那一只。

作为盘踞本地多年的王者，这只异特龙已经开始步入老年。它的牙齿有点松脱，爪子也不如壮年时期有力，甚至它早年跟另一只异特龙争夺地盘时被咬伤的大腿，也不时隐隐作痛，有时还会因疼痛使不上力气。这也是它出现在抢夺尸体的战场上的原因，以前驰骋狩猎的英姿已经成为记忆中遥不可及的影子了。但无论如何，它依然是这片土地的王者，具有不容置疑的权威。

对面这个家伙不仅样子长得奇怪，身上的气息也让它疑惑。这是一种非常危险的气息，却又带着某些熟悉的感觉。

异特龙不想再继续对峙下去，它的体力不允许这样消耗。它对着挑战者猛地张嘴怒吼，发出裂石穿云的咆哮。

"收割者"却没有跟异特龙针锋相对，通过大声吼叫来壮大自己的声威。它并不喜欢这么高调地吼叫，在它看来实力才是最重要的，吼叫声再大不能"战斗"也是无用的。

在侏罗纪生活了一段时间后，"收割者"发现这里才是它应该待的地方。这里有广阔无垠的蛮荒天地，自由自在，不必受人类支配，还有数不尽的猎物。

在跟老祖母有过一番交流后，"收割者"更清醒了。它认识到，自己的真实身份是一只恐龙。于是它从违背艾尔托德的指令开始，到最后破坏

掉自己身上被植入的所有人工设备，彻底解放了自己。

"收割者"此时正全神贯注地盯着面前的异特龙，冰冷的眼神毫不掩饰它的杀意。这里是它刚来侏罗纪的落脚之地，它对这片土地有着特殊的感情，既然打算在这里扎根，那这块领地就应该换一个主人了。

异特龙非常生气，这个怪模怪样的家伙居然胆敢无视它发出的威胁。它不想再等了，张开大嘴猛扑向前，照着"收割者"的脖子就咬。要是平时，这一口咬下去，对手必定重伤无疑。

可惜它面对的是"收割者"。"收割者"的作战经验比起异特龙来一点儿都不逊色。它之前执行任务的对手都是职业军人，他们手里还有热武器，所需要的速度与技巧比现在高了几个等级。

"收割者"后退半步侧身躲过异特龙的攻击，迅疾扬起修长有力的右前肢，3只长长的锋利指爪狠狠朝异特龙背上抓去。一爪子下去，异特龙背上立刻鲜血淋漓，3道巨大的爪痕深可见骨。

只一下，异特龙就受了重伤，剧烈的疼痛让它忍不住"嗷嗷"大叫起来。

"收割者"正准备乘胜追击，结束战斗，却突然停下了，它跳开了几步，侧着头似乎听到了什么。

异特龙疼得几乎站立不稳，见对手没有继续攻击，赶紧忍痛转身快步离开了。现在，这片土地拥有了新的王者，异特龙的时代落幕了。

古伟几人在远处看得血脉贲张，阿洛甚至差点大声叫起好来。"收割者"突然停止进攻，连古伟都有点奇怪，他从没见过恐龙争斗时会中途停止的。再看了一会儿，才发现是老祖母的原因。

这时候的老祖母，正站在一块高高凸起的大岩石上。它高昂着头，发出短促的鸣叫，面对的方向正是"收割者"，它们俩肯定在交流着

什么。

"老祖母告诉那个大块头，说人类已经包围了它，让它赶紧离开。大块头原本不同意，说要去把人类都解决掉，但老祖母的意思是，人类不属于这个世界，没必要跟他们正面对抗……"拉面蹲在一旁给古伟儿人解说道。

"收割者"站在原地犹豫了一会儿，突然转身向着杰森紧急处置小队的包围圈缺口方向跑去。它的速度很快，还没等紧急处置小队的人反应过来，就消失在茂密的丛林中。

杰森本来早就计划好，等"收割者"与异特龙争斗体力耗尽，再出来收取成果，毕竟"收割者"的厉害他们是非常清楚的。可谁都没想到它竟然转身逃跑了，这真是完全出乎杰森的预料，他的计划彻底泡汤了。

杰森反应很快，这时也顾不上再隐匿踪迹，立刻跳起身来，手一挥就要带着人追过去。

意外情况再次发生了，紧急处置小队的外围空间突然发生扭曲，能量剧烈波动，紧接着虫洞特有的水波状光芒接连闪过，一辆又一辆 ATS 越野车出现了，全副武装的队员们迅速下车，黑洞洞的枪口对准了紧急处置小队。

紧急处置小队的队员都是明白人，立刻放下手里的武器，高举双手。他们很清楚跟 ATS 正面冲突的后果。

"古伟、阿虎，你们几个出来吧。"场面控制住后，扩音器的声音随即响起。古伟几人见躲不过去，只好硬着头皮走出来。走到跟前才发现，带队的竟然是汉源部长。

"你们几个可真行，抽了免费大奖居然都不告诉我们。局长说了，回去后有你们好看！"汉源部长一副似笑非笑的样子，阿虎看着心里直打鼓。话说回来，阿虎天不怕地不怕，就是特别怕自己在部队时的这位老首长，而且现在又是自己的顶头上司。

古伟之前跟汉源部长没有太多交集，他特别好奇 ATS 怎么出现得这么及时。

汉源部长布置好工作后，看一切都在有条不紊地进行，这才简略地跟古伟几人解释了事情的来龙去脉。

听完后，几个小伙伴都愣起了神。阿洛更是感觉太过魔幻。他挠了挠头发，傻傻地问："汉源部长，这些人不会是故意挑选到我的吧？"

"哈哈哈，好在他们选中了你，否则这次他们就得逞了，还不知道会有哪些无辜的人遇害呢。"汉源部长笑着回答。

说的也是，如果中奖的是其他人，他们既没有古伟的专业知识，又没有阿虎的应变能力，也没有蟠猫能跟恐龙交流的特殊技能，更没有拉面与祖母暴龙和"收割者"的血脉关系，后果肯定不堪设想。

想起祖母暴龙，古伟几人赶紧看了看四周，与他们一起来的祖母暴龙族群早已不见了踪影。

拉面的神情有些落寞，它又想起了自己回白垩纪时候遇到自己妈妈时的场景。拉面呆呆地望着"老祖母"离开的方向，似乎在责怪它都不跟自己说一声再见。蟠猫站在拉面身边，轻轻搂着它，也是一脸的不舍。

"报告，我们在附近一个大湖中发现了一辆沉没的越野车，并且在车里找到一个物品。"阿虎没忘记把重要的事情立刻上报。他把装着染血的金项链的密封袋交给汉源部长。

汉源部长默默接过密封袋。这份证物沉甸甸的，无声地控诉着那些草菅人命的冷血人类。

到了该回去的时候了，阿洛默默在心里跟侏罗纪道别。古伟看出阿洛心情低落，拍着他的肩膀安慰道："好好学习，等你成为古生物专家，可以再来这里科考。侏罗纪会一直在这里等你的。"

东窗事发，最忠心的手下也被一网打尽，艾

尔托德这个幕后主使面临着多项指控，他是无论
如何也脱不了干系了。

国际防务集团通知艾尔托德被解除所有职务
的文件就放在办公桌上，他却看都不看一眼。他
坐在熟悉的靠椅上，最后一次在这个位置俯瞰落
地玻璃窗外这座美丽的城市。他看上去非常平静，
似乎发生的一切都跟他没有任何关系。

办公室的门被推开，时空管理总局的几位
执法人员走了进来。领头的一位走到艾尔托德面
前，把一张卡片似的 VR 投射器放在桌上，随即
一帧帧影像被清晰投射出来，有从湖中打捞出来
的越野车、染血的金项链，还有后期大量工作人
员在侏罗纪仔细寻找回来的证物图片……铁证
如山！

"明白了，我现在就跟你们走。"艾尔托德无
奈地说了一句。

他转过身来，看看那几位执法人员，又环视
了一遍明亮宽敞的办公室，拍了拍靠椅的扶手站

起身来，不知道是不是在自言自语："好了，属于我的时代已经结束了，很快会有一位新的掌舵者坐在这张靠椅上……"

说着，艾尔托德绕过巨大的办公桌，被执法人员带出了办公室。

恐龙园地

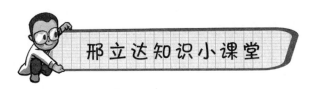

邢立达知识小课堂

① 埃德蒙顿龙

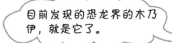

目前发现的恐龙界的木乃伊，就是它了。

　　埃德蒙顿龙，属于鸭嘴龙类，生活在白垩纪晚期，距今约 7 300 万 ~6 600 万年。成年的埃德蒙顿龙可达 13 米长，是最大的鸭嘴龙类恐龙之一，也是目前发现化石最多、分布最广的鸭嘴龙。

它们是以化石发现地——加拿大艾伯塔省埃德蒙顿市来命名的。

埃德蒙顿龙是四足动物，虽然前肢比后肢短，但前肢亦有足够长度，仍适宜行走。埃德蒙顿龙与暴龙生存于相同时期的相同环境，2007 年有研究表明，埃德蒙顿龙能以 45 千米／时的速度奔跑。值得一提的是，1908 年和 1999 年先后发现的两具著名的恐龙木乃伊，就是埃德蒙顿龙。

2. 慈母龙

慈母龙，是一种大型鸭嘴龙类恐龙，生存于白垩纪晚期的美国蒙大拿州，距今约 7 670 万～7 060 万年。慈母龙的学名意为"好妈妈蜥蜴"，名字的来源是其骨架被发掘于近乎碗状土丘窝巢附近，巢内有 15 只幼体，幼体大约一个月大，长

30厘米。幼体的牙齿已出现磨损，验证了母亲照料幼体，或者将食物带到巢内，或者带它们到巢外觅食再回到窝巢。

慈母龙的体形属于中大型，身长约6~9米，并拥有典型鸭嘴龙科的平坦喙状嘴，以及厚鼻部。慈母龙的眼睛前方有小型的尖状冠饰。冠饰可能用在求偶季节，在物种内打斗时使用。

慈母龙是植食性恐龙，可以用二足或四足方式行走，除了强壮的尾巴和它们的集体行动，没有防御物可抵抗掠食动物。慈母龙群体非常庞大，最大的群体可由一万个个体组成。

由于慈母龙习惯群体筑巢，所以恐龙专家们从它们的窝巢中发现了许多成年的和幼年的慈母龙以及它们的蛋化石。这有助于人们对慈母龙的成长过程、生活习性、哺育子女等方面的状况进行研究。

3. 棘龙

孔雀是尾巴开屏，
我是背上"开屏"哦。

　　棘龙，是一种兽脚类恐龙，生存于白垩纪时期的非洲北部，距今约 1.14 亿~6 500 万年。棘龙身长约 12~17 米，是目前已知最大型的肉食性恐龙之一。棘龙因为用四肢行走，其臀高均低于其他体形相近的大型兽脚类掠食者。

　　棘龙最大的特点就是背后拥有独特的帆状物。目前，棘龙的帆状物功能仍未确定。科学家们已提出数个假设，包含调节体温、吸引异性、吸引猎物等。许多现代动物的复杂身体结构，在求偶季节具有吸引异性的功能。棘龙的帆状物有相当大的可能性具有求偶功能，类似孔雀的尾巴。科学家假设这些恐龙的雄性与雌性拥有不同大小的神经棘。如果属实，这些帆状物可能具有耀眼的颜色，但这完全是建立在推测上的。

棘龙原本不为人熟知，但因为在《侏罗纪公园3》中杀死暴龙而一跃成为大众明星。虽然棘龙的体形比暴龙长，但它的体重和咬合力却远远不如暴龙。

实际上，棘龙是以鱼为主要食物的淡水霸主，除幼年期以外几乎不在陆地上捕猎。而生活在白垩纪早期的棘龙和生活在白垩纪晚期的暴龙因为时地差异，二者根本不可能见面对决。

---

4. 剑龙

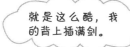

就是这么酷，我的背上插满剑。

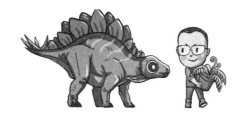

　　剑龙，属于剑龙类，生活在侏罗纪晚期，距今约 1.55 亿～1.5 亿年。剑龙是一种身体庞大且沉重的四足植食性动物，它的体长大约有 9 米。对人类来说，剑龙是相当庞大的动物，大概相当于一辆公共汽车。它们的背部弯曲成弓状，后肢比前肢长，头部靠近地面，而硬挺的尾部则平举于空中。

　　剑龙的脑袋非常小，是恐龙中头身比最小的一种。除了大脑，剑龙还依靠背部和尾部的神经结块来操控四肢和尾巴的运动。

剑龙背部有不对称排列的桃心状板状物，尾巴上有四根用来攻击的尖刺。关于剑龙身上的板状物与尖刺的用途，有许多不同的推论。尾部尖刺毫无疑问是用来防御的，而背部的板状物并不能起到很好的防御作用，很可能是用来社交、求偶和调节体温的。剑龙与一些大型蜥脚类恐龙，如梁龙、圆顶龙、迷惑龙等优势植食性恐龙，生存于相同时代的相同地区。

5. 角鼻龙

角鼻龙，是侏罗纪晚期的中大型掠食性恐龙，是一种典型的兽脚类恐龙。角鼻龙学名的意思是"长角的蜥蜴"，这是因为它的鼻子上长着一根神秘的短角。角鼻龙的模式标本身长约 5.3 米，但

不清楚这个标本是否属于完全成长个体。在 1985 年，研究者估计角鼻龙的身长可达 6 米。尽管角鼻龙的个头并不算小，但在侏罗纪那个"巨龙时代"，它的体形并没有多大优势。

角鼻龙与异特龙有些相似，都是强健有力、体形较大的掠食者。它们大多生活在侏罗纪晚期北美洲西部的蕨类大草原以及林木茂盛的冲积平原上。它们一般会成群结队地去捕食较大的猎物。

6. 梁龙

哈哈，我是恐龙中的大个子。

　　梁龙，生活在侏罗纪晚期的北美洲西部，时代可追溯至 1.5 亿~1.47 亿年前。

　　梁龙是辨识度最高的恐龙之一，体长最长可能超过 30 米。梁龙有着巨大的长颈、尾巴，以及强壮的四肢。它的巨大体形足以阻吓同一地层发现的异特龙及角鼻龙等掠食动物。

　　梁龙比迷惑龙、腕龙要长，但是由于头尾很长，躯干很短，而且很瘦，因此体重相对来说并不重。梁龙脖子虽长，但从骨骼的关节来看，它的脖子并不能自由弯曲并高高抬起，而是相对贴近地面，研究者推测这个特点是用来扩大原地进食面积的。

⁊. 灵龙

灵龙，属于鸟臀目中的鸟脚亚目，生存在约1.68亿~1.61亿年前的东亚。它的学名意为"灵敏的蜥蜴"，这是因它有轻盈的骨骼及长脚。

灵龙是小型的植食性恐龙，身长约1.2米。灵龙的化石较为完整，是所有鸟臀目恐龙化石中保存最为完整的物种之一，只有部分左前脚及后脚遗失。研究者根据对称的原理重组出一只完整的灵龙。

灵龙是两足行走的恐龙，从它的胫骨比股骨长的情况看，它的速度可能非常快，并以其长尾巴来保持平衡。与其他鸟臀目恐龙一样，灵龙的上下颌前部形成喙，有助于切碎植物。

灵龙化石是在兴建四川自贡恐龙博物馆时被发现的，亦已存放在该博物馆内。四川自贡恐龙博物馆中展览有多种从大山铺发掘出来的恐龙化石，包括灵龙、宣汉龙、蜀龙及华阳龙等。

⑧. 蛮龙

蛮龙，是一种生存在侏罗纪晚期的大型肉食性兽脚类恐龙。

蛮龙身长可达 9 ~11 米，其体形仅次于同时期的依潘龙。

蛮龙可能以大型植食性恐龙为食，例如剑龙类或蜥脚类恐龙。蛮龙用强壮的后肢行走。它的前肢虽然较短，前臂长度只有上臂的一半，但同样很强壮。另外，它还拥有巨大的拇指尖爪，以及大型、锐利的牙齿。

蛮龙是在美国西部与加拿大一带发现的最大型的掠食动物，但可能不是顶级掠食动物，该地的顶级掠食动物是体形与蛮龙类似的更为常见的

异特龙。身长6米的角鼻龙也与蛮龙一同竞争猎物，但角鼻龙可能是以小群体形式生活的生物，而且数量没有蛮龙多。

g. 南方巨兽龙

南方巨兽龙，属于鲨齿龙类，生活在9 800万～9 700万年前的白垩纪晚期。其化石在1993年发现于阿根廷巴塔哥尼亚地区，化石完整度约70%。

南方巨兽龙身长约12.5米，具有兽脚类中最大型的头骨，目前发现有长达1.8米的南方巨龙头骨。它硕大的嘴巴里长着一口长达20厘米的、锋利且呈薄匕首状的牙齿，这正是南方巨兽龙成为优秀掠食者的关键因素之一。

自发现以来，南方巨兽龙就引发了关于最大兽脚类恐龙的科学争论。它是史上第二巨大的陆地肉食性恐龙，其咬合力位居前几名，是次于暴龙、蛮龙等的大型肉食性恐龙。

南方巨兽龙用两足行走，作为鲨齿龙类的成员，它有个又细又尖又长的尾巴，长长的尾巴能在快速奔跑的过程中起到平衡和快速转向的作用，同时，南方巨兽龙还发展出了强大的骨骼及肌肉网络来支撑沉重的身躯，以保证它在捕食猎物的时候有足够的速度。

10. 三角龙

我像不像一个全副武装的勇士？

三角龙，属于角龙类，是一种植食性恐龙。三角龙是最为人熟知的恐龙之一。

三角龙是恐龙中最晚出现的种类之一，也是最大的角龙类恐龙之一，占据非鸟形恐龙在地球上的最后时期——白垩纪晚期中的绝大部分陆地生态系统。

三角龙身长约7~9米，它们是陆地动物中头部最大的物种之一，比同长度的恐龙壮硕许多。三角龙有非常大的颈盾和三根角状物，其中眼窝上的两根额角非常长，可达1米，嘴巴有像鹦鹉一样的喙。它们的颈盾可超过2.5米，达到整个身长的1/3，某些个体的颈盾边缘有多个颈盾缘骨突。其他大多数晚期角龙类的颈盾上有大型孔洞，但三角龙的颈盾则是实心的，没有孔洞。

三角龙与暴龙居住在同一地理环境，而且根据一些化石上留下的痕迹，例如暴龙的牙齿印痕，可以推测三角龙和暴龙之间一定发生过不少争斗。

11. 鲨齿龙

鲨齿龙，属于兽脚类，生活在约 1.93 亿年前的白垩纪，分布于埃及、摩洛哥和阿尔及利亚，基本覆盖棘龙的出没范围，但是又比棘龙的分布广。

鲨齿龙是一种巨大的肉食性恐龙，成年鲨齿龙身长可达 14 米，体形超过了奥沙拉龙、魁纣龙、南方巨兽龙和西雅茨龙。鲨齿龙有极其锋利的类似鲨鱼的锯齿状长牙齿，大而酷似骷髅眼睛的眶前孔，巨大而长的头颅骨，较窄的吻部。躯干较瘦，四肢较短小。

鲨齿龙拥有巨大的嘴，古生物学家曾发现长达 1.75 米的鲨齿龙头颅骨，因此古生物学家一度认为鲨齿龙的头颅骨是兽脚类中最长的。

12. 近鸟龙

这是最聪明伶俐的恐龙之一！

　　近鸟龙的身长约 34 厘米，是已知的最小型的恐龙之一。它的标本非常完整，骨架周围甚至清晰地分布着羽毛印痕。这个标本发现于辽宁省葫芦岛市建昌县大西山的髫髻山组地层。这套地层很可能沉积于 1.61 亿 ~1.51 亿年前的侏罗纪晚期。由于古生物学证据和同位素测年数据都支持髫髻山组早于德国索伦霍芬始祖鸟化石层，因此，研究人员推断近鸟龙的生活时代较德国始祖鸟早，它是世界上已知的最早的长有羽毛的物种之一。

近鸟龙的外观与初鸟类、伤齿龙类和驰龙类相似。著名的"恐龙人"假说脱胎于伤齿龙类的研究，而《侏罗纪公园》中的超级明星"伶盗龙"则属于驰龙类，由此可以推断出近鸟龙也是一种比较聪明的小恐龙。

13. 弯龙

弯龙，是一种植食性、有喙状嘴的鸟脚类恐龙，生活于侏罗纪晚期的北美洲与英国。因弯龙以四足站立时，它的身体形成一个拱形，故取此名。

弯龙很可能是禽龙类及鸭嘴龙类祖先的近亲，体形比同时代的橡树龙、德林克龙、奥斯尼尔洛龙更大，平均身长可达 6 米。虽然它们的身形巨大，但从化石足迹来判断，它们除用四肢行走外，

亦能够以双足行走。

弯龙的牙齿排列紧密，牙齿的两侧、锯齿边缘有明显的棱脊。另外，研究者发现，弯龙的牙齿有大范围的磨损，这表明它以坚硬的植物为食。弯龙可能以鹦鹉般的喙来吃苏铁科植物。叶状牙齿位于嘴部后段，拥有骨质次生颚，使它进食时可以同时呼吸。灵动的颌部关节，使颊部可前后移动，上下颊齿便可产生研磨的动作。

科学家参考其他禽龙类，推测弯龙每小时可行走 25 千米。

14. 腕龙

腕龙，生活于侏罗纪晚期的北美洲，其中又以美国和加拿大的化石数量最多，但在非洲也有少量腕龙化石。

在过去数十年，腕龙曾经被认为是陆地上最大的恐龙之一，同时也被认为是世界上曾经存在过的最高的恐龙。它能长到 15 米高，简直像一栋大楼。

腕龙的前肢比后肢长，也比后肢粗壮。它的脖子很直，头可以抬得很高。它的外形和其他蜥脚类恐龙不太一样，它看上去很像现在的长颈鹿。腕龙的脖子让它不用抬起身子就可以够到树顶的嫩叶，吃东西非常方便。在发情的季节，长脖子还能帮助它打败情敌。腕龙之间可能也会像今天的长颈鹿那样互相触碰脖子。按比例来说，腕龙尾巴的长度比大多数蜥脚类恐龙要短得多。

腕龙的牙齿长得像勺子，很大很平，边缘锋利，可以切断嫩树枝。腕龙不能细致地采食树叶，而是树叶和小树枝一起吃到嘴里，它每天要吃 1 吨多的食物，胃口相当了得。

15. 美颌龙

美颌龙，属于小型的双足肉食性兽脚类恐龙，生活在侏罗纪晚期的欧洲，距今约 1.45 亿年。

美颌龙大小与火鸡相仿，体长约 0.75 米，是最小的恐龙之一。美颌龙的身体特征与腔骨龙差不多，它有修长而灵活的脖子，嘴巴内长满尖利的牙齿，全身毛茸茸的。由于肢骨中空，身体非常轻巧。它的后肢细长，身后还拖着一条细长的尾巴。美颌龙善于奔跑、腾跃和爬树，是行动敏捷的肉食性恐龙。

虽然美颌龙其貌不扬，一点也不引人注目，但是它与始祖鸟具有亲缘关系，所以成为古生物学家关注的对象。

16. 异特龙

异特龙，生存于侏罗纪晚期，距今约 1.55 亿~1.45 亿年。异特龙是一种大型二足掠食性恐龙，平均身长为 8.5 米，最长可达 12~13 米。

就体形而言，异特龙并不是肉食性恐龙中最大的，但它拥有更适于猎杀的身体结构。首先，它的前肢非常粗壮，上面长有 3 根指，每根指上都生有利爪，可以毫不费力地撕开猎物。其次，高大粗壮的后肢能有力地支撑起它的重量，使它行动起来更为敏捷。此外，粗大的尾巴还可以作为鞭子，横扫任何胆敢挑衅的敌人。

异特龙是该时期北美洲最常见的大型掠食动物之一，并位于食物链的顶层。它们可能以其他大型植食性恐龙为食，例如鸟脚类、剑龙类、蜥脚类恐龙，异特龙化石的分布范围涵盖剑龙和梁龙生活的区域，主要集中在美国，加拿大和墨西

哥也有少量异特龙化石。异特龙经常被认为采用群体合作方式攻击蜥脚类恐龙，但显示异特龙具有共同攻击的社会行为的证据很少。目前推测异特龙可能采取伏击方式发动攻击，使用上颌来撞击猎物。

17. 翼龙类

翼龙，是飞行爬行动物的一个演化支。翼龙类生存于三叠纪晚期到白垩纪末期，距今约 2.16 亿~6 600 万年。

翼龙类目前被认为是第一群能主动飞行的脊椎动物。它们有一双由皮肤、肌肉与其他软组织构成的翼膜，翼膜从身体两侧延展到极长的第四手指上。翼龙类较早物种的颌部布满长牙齿，具有长尾巴；较晚物种有大幅缩短的尾巴，且某些晚期物种缺乏牙齿。目前已在某些化石的身体、部分双翼中发现丝状结构痕迹，显示翼龙类可能已演化出毛发。

翼龙类的体形有非常大的差距，小的有麻雀大小的森林翼龙，也有迄今发现的地球上最大型的飞行动物，如风神翼龙。

在大众的认知中，翼龙类常被当成飞行的恐龙，这是错误的。恐龙指的是特定陆地爬行的动物，能采取直立步态，包括蜥臀类与鸟臀类，并不包括翼龙类、鱼龙类、蛇颈龙类和沧龙类。

18. 翼手龙

翼手龙，生活在侏罗纪晚期。翼手龙是第一个被命名的翼龙类。1784年，意大利科学家在德国巴伐利亚州的索伦霍芬石灰岩中首次发现翼手

龙，这里也是始祖鸟的发现地。翼手龙化石分布极其广泛，在欧洲、非洲等地均有发现。

翼手龙是一种中小型翼龙类，寇氏翼手龙的翼展约为 50 厘米，巨翼手龙的翼展约有 2.4 米。

翼手龙是肉食性动物，可能猎食鱼类与其他小型动物。翼手龙经常被描绘成和蛇颈龙争抢鱼类食物的形象，但实际上它生存的年代比蛇颈龙要晚很多，两者不可能相遇。翼手龙是在儿童的恐龙读物里面出现频率非常高的一种中生代飞行爬虫类，但是它在电影和电玩游戏中却极少出现，代替它的通常是无齿翼龙和风神翼龙。

19. 永川龙

永川龙，生存在侏罗纪中期的中国，化石发现于重庆永川区，地质年代约为距今 1.65 亿年。

巨型永川龙的头颅骨可长达 1.11 米，身长可达 10.8 米。永川龙的鼻部有骨质瘤状物，类似角鼻龙，另外，它还拥有巨大的尾巴，约占身长的一半。

永川龙是当时该地的大型掠食动物，外表与体形类似同时代北美洲的异特龙。除了永川龙以外，当地同时代的恐龙还有蜥脚类的峨嵋龙与马门溪龙，以及剑龙类的嘉陵龙、沱江龙和重庆龙。

永川龙常出没于丛林、湖滨，行为可能与今天的虎、豹类似，性格冷僻，喜欢单独活动。一些性情温和的植食性恐龙常常是永川龙捕猎的对象，一旦被它盯上，就很难逃脱。

20. 鱼龙类

鱼龙类，是一种外形类似鱼类的大型海生爬行动物。它们生活在中生代的大多数时期，最早出现于约2.5亿年前，比恐龙（2.3亿年前）稍微早一点，约9 000万年前消失，比恐龙灭绝早约2 500万年。

三叠纪中期，一群陆栖爬行动物逐渐回到海洋生活，演化为鱼龙类，这个过程类似今天海豚和鲸的演化过程，但鱼龙类的直系祖先至今没确定。在侏罗纪，它们分布广泛，物种繁盛；在白垩纪，蛇颈龙取代鱼龙类成为白垩纪时期的海生顶级掠食动物。

鱼龙类的身长多在2~4米之间，一些种的体型较小，而某些种的体长可超过4米。它们的头部像海豚，拥有长口鼻部，口鼻部布满牙齿。鱼龙类的体型适于快速游泳，而某些鱼龙类则适合潜至深海，类似现代的鲸。科学家估计鱼龙每小时可游 40 千米。

21. 祖母暴龙

祖母暴龙，属于暴龙类，生活在侏罗纪晚期的葡萄牙地区。

祖母暴龙和在美国科罗拉多州发现的侏罗纪晚期的史托龙代表了已知最古老的暴龙类，这一发现说明暴龙类可能起源于侏罗纪中期到侏罗纪晚期的欧洲或北美洲。最近的发现表明，早期的暴龙类体形较小，起源于小型的虚骨龙类。

祖母暴龙虽然体形较小，但它是一种凶猛的肉食动物，研究者推测它的食谱包含同时代大多数昆虫、比它体形小的恐龙，以及小型哺乳类动物。